ALAN AXELROD

Author of the Business Week bestsellers
PATTON ON LEADERSHIP and ELIZABETH I, CEO

倫 · 艾斯勒⊙著

目錄

致謝

英文版《辦公室超人》（*Office Superman*）的出版得益於兩位編輯的鼎力相助——Greg Jones和Chris Cerasi，同時非常感謝兩位漫畫專家Richard Bruning和Steve Korté，正是他們超人般的工作才有了書稿的出版。

本書的主要參考資料是六十餘年來關於超人的漫畫和評論，但在寫作過程中，下面這些書也給了我極大的幫助：

Superman: The Ultimate Guide to the Man of Steel, by Scott Beatty (London and New York: Dorling Kindersley, 2002)

Superman: The Complete History, by Les Daniels (San Francisco: Chronicle Books, 1998)

Superman at Fifty: The Persistence of a Legend, edited by Dennis Dooley and Gary Engle (New York: Collier, 1988)

The Great Superman Book: The Complete Encyclopedia of the Folk Hero of America! by Michael L. Fleisher (New York: Harmony Books, 1978)

再次對這幾位作者表示感謝！

前言

危急關頭：超級英雄現身

不久以前，美國軍隊改變了招募的標語。很多年來，17到34歲的適齡兵役公民聽到的都是「來做最好的自己」，現在標語則變成了「歡迎加入軍隊大家庭」。這個改變很好，因為先前的標語很容易讓人誤會。毫無疑問，軍隊中的宣傳家希望借此推銷一種觀念，那就是軍隊可以提供讓人們發揮最大潛能的機會。但是，這句話還有一層隱含的意思，卻跟宣傳家的意圖截然相反：你只能做最好的自己，並不能突破能力的極限。對有些人來說，參軍是通往壯闊人生的第一步，但對另外一些人來說，參軍無非就是做點自己能做的事情。

至少，先前的那句口號字面上是可以這樣理解的。

但是為什麼呢？為什麼一個意在鼓勵服務意識和自我實現的口號會產生如此具有諷刺意味的歧義呢？

實際上，口號本身沒有問題，問題出在我們的理解上。我們並非活在軍隊的口號中，而是生活在不斷的自我期望中，更確切地說，是生活在一個期望值逐漸降低的世界中。大多數人在大多數時候已經習慣了看到局限而非潛力，習慣了對自己和他人幾乎無所期望。比方說，你的電腦壞了，在重新啟動數次失敗後，你撥通了廠商的客服部電話。或許你並不指望能得到實際的幫助。因為你已經預料到，電話裡傳來的永遠是沒人接聽的鈴響，即使有人接聽，客服人員也八成是知之甚少的電腦新手。如果電話被接通之後，客服人員快速地解決了你的問題，在滿意和吃驚兩者之間，或許你的反應會更傾向於後者。

辦公室的情況也差不多。近年來我們對謀生的期望值越來越低。我們父執輩的工作場所才真正稱得上是辦公室，而我們最多只是在小隔間裡工作而已。此外，他們可以指望在一家公司裡找到一份差事，努力工作，不斷提升，25年或者30年之後從高層管理人員的崗位上退休，並且享受充足的退休金保障；現在的年輕人卻習慣於跳槽，隔一段時間就從一個工作換到另一個工作，不管是自願還是被迫。過去人們往往覺得失業是無法想像的災難，而現在幾乎每個人都有失業的經歷。過去的企業比員工長壽，而現在的企業似乎頃刻間就會土崩瓦解。

難怪很多人都覺得，我們生活在一個希望和機會都越來越少的時代。工作（尤其是好工作）越來越難找，就算找到也越來越難維持，更不用說陞職。惟一的安慰是，我們並不是最早面對這種危機的一代。的確，我們父執輩工作的大環境要好得多，但是他們父輩和祖輩面臨的情況比現在還要糟糕——經濟大蕭條，那是個希望和機會一起破滅的年代。1929年9月，道瓊指數暴漲至386點；1932年7月，道瓊指數暴跌至40.56點，89%的股票財富化為烏有。同年，大約5000家銀行破產，四分之一的美國人陷入失業的窘境。

禍不單行。整個世界不僅要承受經濟災難，還要承擔政治動亂的風險。在義大利，恃強凌弱的墨索里尼建立了法西斯集權統治；在德國，阿道夫·希特勒也迅速崛起；在日本，天皇將政府交在以東條英機為首的一夥戰爭狂人手中。

人類尚未從第一次世界大戰所帶來的創傷中痊癒，又將滑向另一個深淵。

就是在這個麻煩不斷的時代背景下，來自俄亥俄州克里夫蘭市的兩個小伙子傑瑞．西格爾（Jerry Siegel）和喬．舒斯特（Joe Shuster）開始了超人故事的創作。他們兩個和周圍的人一樣，艱難度日。但跟周圍的人有所不同的是，他們有夢想，也有將夢想化成現實的能力——創作超人漫畫。

在第二章裡我們將詳細說明超人的創作過程，現在我們只需要知道，超人這個在美國流行文化中長盛不衰的人物形象，誕生在那個沒有希望沒有機會的時代。1938年6月，大蕭條的陰影還沒有完全消褪，第二次世界大戰的威脅與日俱增，整個世界混亂不已，而超人作為救世主形象的出現迎合了當時大多數人的口味。幾年後，超人的知名度甚至超過了米老鼠和開國之父喬治．華盛頓。

讓我們想想超人有什麼引人入勝之處。首先，他力大無窮，可以徒手折彎鋼筋，甚至可以改變河道。其次，超人可以飛。不管是希臘神話、羅馬神話還是其他文明的神話，總有一些有超能力而且會飛的英雄。但超人所擁有的不僅僅是這些，換句話說，超人能夠在文化圈掀起一陣旋風，靠的並不是肌肉或是飛翔，而是超人的性格。我們應當承認，在大多數人感到弱小甚至絕望的年代，超人強大的力量讓人們精神上感到愉悅。更重要的是，當時的社會充滿了權力的腐敗和濫用，大公司唯利是圖、無情無義，三個法西斯頭子讓人們時刻處在戰爭威脅的恐懼下。在這樣的時代，人們欣賞超人的力量，更欣賞超人的性格。超人不像那些有權有勢的人損人利己，而是用自己的超能力去幫助別人。他說自己只是樂於助人，但事實上，他拯救了很多人的生命。超人如此受歡迎，並不是因為超人有多麼崇高的拯救社會的理想。如果超人只是一個理想主義者，那麼大家很快就會把他遺忘。正是因為超人的性格，才讓我們喜歡了解超人行俠仗義的原因和方式，喜歡探究超人戰鬥的原則，喜歡看超人與壞人搏鬥。

超人不但德才兼備，而且智勇雙全。雖然超人可以很輕易地躍過高樓大廈，但也總是小心謹慎。西格爾和舒斯特以及後來的作家、藝術家喜歡為超人設定進退兩難的故事情境。比方說，超人在一個地方做的好事對另一個地方而言就變成了壞事，或者幫助某人卻不得不以傷害另一個人為代價。因此，我們總是會緊張地期待著超人能夠想出兩全之策，能夠在不傷害任何人的同時幫助需要幫助的人。另外，儘管超人很強大，但他不喜歡贏者通吃的結局，而是喜歡用雙贏的結局讓大家都開心。

僅僅把各種令人眼花繚亂的超能力堆砌在一起，還遠遠不是我們所熟知的超人。心理學家、社會學家、歷史學家以及流行文化方面的教授學者都曾長篇累牘地分析評價過超人巨大而廣泛的影響力。在此基礎上，本書旨在添加一些雖淺顯卻實用的觀點，將超人這位來自外星球的奇異客人看成一個理想員工，用21章的篇幅來分析超人對我們的啟發。

為避免誤會，我先來澄清一下「理想員工」的概念。「理想員工」跟亦步亦趨的跟班或者忠實的小管理員沒有任何關係。確切來說，理想員工指的是辦公室超人，是在工作上成為公司不可或缺的一部分的超人式的員工。

辦公室超人會是一個非常重要的幫手，甚至是工作上的救世主，專職排憂解難。不管什麼人在什麼場合遇到什麼麻煩，一定都會想向辦公室超人求助。那辦公室超人會得到什麼好處呢？答案是全部。一個企業不可或缺的員工是會大有收穫的。

當然，辦公室超人也不是萬能的。超人或許也曾經努力試圖將美國帶出大蕭條或是避免第二次世界大戰的爆發，但是沒有成功。不要忘記，在到處都是超人的奇異星球上一樣充滿了挑戰和競爭，所以就算你能夠成為辦公室裡的超人，也不一定能夠保證你在公司裡事事順心。但是，只要你有能力，就可以獲得職業生涯中永久性的通行證，讓你在今天或是明天的職位上取得成功。

超人除了力量和飛行這兩點讓人印象深刻的能力外，還有第三點，那就是喬裝。超人平日裡的身分是一個西裝革履、勤奮工作的記者。人們也常說，逆境是機遇的另一張面孔。西格爾和舒斯特恰恰是在經濟危機和世界大戰的雙重壓力下抓住了機遇，成功地創造出超人這個人物形象。辦公室超人也應該永不畏懼困難，他應該努力去克服困難，征服逆境，發現其中隱藏的機會。「做最好的自己？」這句有歧義的軍隊箴言在辦公室超人那裡應該改寫成：心有多高，你就能飛多高。

希望讀者能和超人一起展翅高飛。

認識自己，發現超人

我第一次知道超人，大概是在四、五歲的時候。那時我湊在一台飛歌牌電視機模模糊糊的螢幕前，第一次看到李維主演的《超人》。那集故事裡，諾埃爾扮演的「露薏絲·連恩」和傑克扮演的「吉米·奧爾森」受到記者職業好奇心的誘惑落入了致命的陷阱，超人挺身而出將他們救了出來。當時超人漫畫已經流行了大概18年（從1938年故事誕生開始算起），《超人》在電視上也已經熱播了四年。這部電視劇是廣播電視的一部開山作品，從1952年秋天（我出生後不到一個月）開始放映。值得一提的是，《超人》至今還在一些懷舊的有線電視頻道上重播。還有一點不得不說，每個人（至少像我這個年紀的人）都一定記得節目的片頭曲：

他比高速飛行的子彈更快，他比火車頭更有力，他輕輕一躍就能跳上高樓。看，就在天上，像一隻鳥，像一架飛機——那就是超人！

不用懷疑，就是他，帶著另一個星球奇異而強大的超能力造訪地球的俠客。他能讓滔滔河水改道，能讓堅硬的鋼鐵彎折，他以克拉克·肯特之名，性情溫和的都市報社記者，永遠為捍衛真理、正義和美國之魂而殊死搏鬥。

每個字我都記得。但第一次聽到這首歌的時候，我並不理解「以克拉克・肯特之名」這句話。對於四、五歲的我來說，克拉克・肯特是一個真實的人，而超人有時候會假扮他出現。事實上，克拉克只是超人的另一面而已，後來我才弄明白。所以在看《超人》的最初一兩年，我經常很迷惑，這個克拉克究竟是「真」克拉克還是超人裝扮成的「假」克拉克。

作為一個學齡前兒童，我當時或許不知道「真正」的克拉克・肯特是誰，但有一點是毋庸置疑的：那傢伙反正不是肯特就是超人，無論他扮成外表溫文爾雅的記者還是穿上「超人」的行頭，他總歸都有超能力。

這麼多年過去了，我仍然覺得從《超人》的啟示中獲益匪淺。首先，要知道自己是誰；其次，要相信自己有很大的潛力，你會比自己想像中更優秀。

西裝革履下的你是一個商戰超人，可以成就很多你自己都不敢相信的事業。我想在這一章告訴讀者，怎樣脫掉西裝，摘掉眼鏡，去認識你自己。

發揮潛能

關於超人如何獲得超能力，實際上有兩種說法。超人漫畫出現的頭十年中，一般的解釋是超人來自「氪星」，星球上的人都擁有超能力，而超人是這個星球惟一的倖存者。不過到了1940年代的後期，出現了另一種說法。在這個較新的版本中，「氪星」居民生下來也是平常人，但「氪星」上遠大於地球的地心引力使得「氪星」上的平常人到了地球就成了「超人」。這很容易解釋：超人生下來以後，他的肌肉需要適應「氪星」上的巨大引力，而到了地球上，引力大大減少，超人就變成了無敵的大力士。後期的漫畫甚至還考慮到除了星球引力之外的其他因素，比方說大氣的作用。一本1957年的漫畫曾經描述了約．埃爾（漫畫中超人的父親）的一段話：「氪星人」到了其他星球，在脫離了「氪星」獨特的大氣壓力和巨大的地心引力之後，都會變成超人！

除了對超人能力之源的解釋，超人的各種特徵也隨著時間逐漸演變。超人的動作漫畫在1938年6月剛剛問世的時候，超人不會飛，但可以一步就跳出去200公尺，還能像跨欄一樣躍過20層高的樓房。超人很強壯，但那時不算太離譜，因為他無非可以舉起非常重的東西罷了。至於說他比子彈還要快是誇張了些，不過他的確比特快列車還要快。我們大都覺得超人除了氪以外刀槍不入，但在漫畫的第一輯裡說：只有比炸彈更有威力的東西才可以穿透他的皮膚。當時的他有驚人的承受力，但也不是刀槍不入。多年來，超人故事的作者讓超人變得更具英雄色彩，擁有了更多的超能力。1970年代的時候，超人可以穿過太陽而毫髮無損，以千倍於光速的速度來飛翔，甚至可以像吹滅蠟燭一樣輕而易舉地吹熄熱浪滾滾的恒星。

大多數人習慣了過度的誇張和膨脹，不管是在經濟領域還是在娛樂業。比方說，動作片裡有越來越多不計成本的爆炸鏡頭，越來越驚險的飆車場面，並且越來越血腥——以前可以說動作片拍得血流成河，現在不得不說是血流成海了。漫畫當然也是這樣，但超人力量的增大並非完全是誇張的結果。他遇到的挑戰越大，能力則相對變大。一開始，超人對付的是黑幫的小混混，也就是我們真實生活中的普通犯罪份子。之後，敵人更加強大，以致擁有支配整個世界甚至星系的力量。所以說，超人力量的增長並不是作者憑空臆造的，而是隨著劇情的發展，為了應對更大的挑戰和愈加緊急的情況所必需的。結果，敵人愈強，超人用來對付敵人的能力也愈大。這位鋼鐵戰士的作者從來就沒讓超人輕鬆過，在作者筆下，超人總是需要不斷進步全力以赴去迎接挑戰。

詩人羅伯特・勃朗寧說過：「人的『企及』要超過他的『把握』，否則何必要天國？」激發潛能是人類的天性，認識到這點是進一步了解超人的第一步。

設定目標

開發自己的能力是一項很好的磨練，如果沒有具體的目標，努力往往會白費。如果你想發揮自己的潛能，那就要學會設定目標，用目標導向來激發自我。這首先需要發現值得努力的目標。

一般而言，這種目標有三個要素：

第一，目標清晰明確。比如，「我這個月要增加5000美元的銷售額」，相反地，「我會成為一名更好的銷售員」就是一個不明確的目標。

第二，目標要能激發你的潛能，拓展你的實際能力，但不能不切實際。如果對你而言，5000美元的增長並不算太多，這就需要把目標調高到1萬美元，這樣才有動力和緊迫感。你會說，為什麼不定在3萬美元？看上去很美，但你不可能做到。所以這樣最好：「我這個月決心增加1萬美元的銷售額」。

第三，目標要能讓你感到興奮，激勵你前進。「我這個月要做到增加1萬美元的銷售額」或許會實現，但從這第三點考慮，你應該把目標放得稍微長遠些：「我以後每個月都要增加1萬美元的銷售額，我要成為地區銷售經理！」也許這才足以讓你熱血沸騰地堅持努力下去。

制訂目標，一個明確且值得努力的目標，一個看似困難重重卻並非癡人說夢的目標，一個能讓你興奮而持續努力的目標。這是一個深奧而有哲理性的問題，在第四章我們會再討論。

難在選擇

超人經常面臨異常艱難的選擇，比如，露薏絲和吉米同時落難，但超人只能救出其中一個；再比如為了避免一架飛機出事，必須用另一架飛機的安危做賭注。這種選擇並非超人故事所獨有的。平常在讀小說、看電視和看電影的時候，情節的發展和人物的個性往往使得劇中人物需要做出各種抉擇，而正是這種抉擇讓我們著迷，讓我們成為該劇的忠實觀眾。

為什麼我們為選擇著迷？因為那就是生活。生活需要我們做選擇，有的選擇一輩子只有一次，有的每天都在發生。你會為到底該去讀MBA還是追求夢想成為搖滾歌星而痛苦，也會覺得是不是回家前再玩兩杆其實無所謂。但是只要選擇了其中一面，生活就會因你的選擇而大不相同。

選擇的風險往往很高，選擇也因此富有戲劇性。我們會碰到選擇的難題，特別是在面臨一大串相似目標的時候。超人最多只有幾秒鐘的時間去作生死抉擇，我們就幸運多了，這意味著我們可以花更多的時間，按照下面的三個步驟來做選擇。

第一步，弄清楚你想得到一個什麼結果。你可以列出一串標準或者參數、優先順序、收益以及涉及的問題。比如說你想決定朝那個工作類型發展：會計、銷售還是投資分析？首先，你應該列出對你而言最重要的事情，諸如薪水、彈性工作制、樂趣和挑戰等等。然後進行下一步。

第二步，拿一張白紙，製作一個表格。在每一列裡寫上選擇的標準，像我們剛剛提到薪水、彈性工作制、樂趣、挑戰等，再將面臨的選擇對號入行。剩下的事情，就請你深思熟慮之後按照第三步逐項填寫吧。

第三步，填表。你可以為每一項選擇進行標準化賦值。1到5的評分數階是經常使用的方法：

1＝非常不滿意；

3＝基本滿意；

5＝非常滿意。

填完這張表以後，加總每一行的得分。得分最高的一行就是最符合標準的選擇。

	薪　水	彈性工作制	樂　趣	挑　戰	總　分
會　計					
銷　售					
投資分析					

你會問，我必須按照這種結果作選擇嗎？當然不是。上述做法的目的是幫助你認清選擇的基礎與標準。也許你發現會計比銷售的分數高，而你偏偏說：「我才不在乎什麼分

數，我就是想做銷售！」那也無所謂。看，你不也成功地做出了一個選擇嗎？

事實上，完成這個表格之後，你可能還是猶豫不決，那乾脆拋硬幣算了。我是很認真的，因為即使是拋硬幣，也不意味著你放棄了選擇權。畢竟你不會真的讓硬幣來決定你的未來。那些結果不重要，你對結果怎麼看才是真正重要的。要相信，你的想法就是你的選擇。

自我分析

我承認，如果我突然獲得了可以自由飛翔的超能力，我可能會到處飛著瞎逛，沒有目標，純粹為了好玩。但超人不是這樣，他不飛則已，一飛就一定有確定的目的和使命。當然，在去你想去的地方之前，需要知道你現在的位置。

在開始做事以前，先搞清楚自己的位置，這和設定目標同等重要。你可以這樣做：

1. 列出你本周內完成的事，比方說開始做的項目、已經做完的項目、繳付的帳單等等，任何你覺得做得不錯的事情。
2. 在一張白紙上依序寫上「個人收支狀況、工作滿意度、職業發展、教育、家庭和與他人的關係」。在每一項的旁邊，填上從1到5中一個恰當的數字來表示你對它們的感覺：1＝糟糕；3＝普通；5＝滿意。
3. 列舉你最喜歡做的事情。
4. 列舉你不喜歡做卻每天不得不做的日常事務。
5. 總結自己的人格特質和專業技能，比如技術、經驗或者天賦。

6. 列舉自己的外在商業資源，比如可以支配的金錢和商業上的人脈，後者包括潛在的合作伙伴、同事、老闆以及客戶。
7. 歸納自己在技能方面的不足之處，或者說需要改進的地方。
8. 製作一張資產負債表，列出資產和負債來評估目前的財務狀況，要包括正常收入和支出、資產（比如房子、汽車或者股票）、負債（比如貸款），以及銀行帳戶餘額。粗略算一下這周你花了多少錢，並且估算來年可能有的重大支出。別忘了列幾張明細表來記錄你日常刷卡的消費，以及每年的投資和儲蓄額。

要想到達目的地，首先應該知道自己目前所在的位置。自我分析就是為了幫助我們認清當前所處的位置和境況。所以，在自我分析的時候，千萬不要吝惜時間。

發現差距

有了明確的目標並且清楚地了解自己的現狀之後，接下來應該著手分析目標與現狀之間的差距。對於超人來說，這些差距可能一步就能跨過去，但對一般人來說，應該想清楚如何彌補差距。

有時候辦法很明顯。比如你想從一個簿記員成為一名會計，你需要去接受進一步的教育。而為了讓自己成為一名合格的會計，決定去哪所大學或者學哪些課程是一件很簡單的事情：只要拿到需要的學分就可以了。

但有時候彌補差距的辦法並不容易想出來，並且很可能需要開啟自己的想像力才能找到最佳解決方案。也就是說，要把你的目標具體化或者視覺化。接續前例，現在你還是一個初級簿記員，你的目標是成為會計部門經理。請閉上眼睛，開始想像這個目標應該是什麼樣子。你可以大膽地想像成為會計部門經理是一件多麼揚眉吐氣的事情，可以在職場上獲得極大的滿足，但是不要忘記經理需要擔負的責任，需要處理的危機，而且許多人都會歇斯底里地湧向你，向你尋求幫助。

大多數人小時候都被告誡，不要做白日夢。上學的時候，一旦你失神了，老師就會嚴厲地指責。我們要克服這些早年教育的後遺症，讓自己開始做白日夢。認真地花些時間來規劃自己的夢想，以及實現這個夢想所需要的各種事宜。比起抽象的問題，解決一件你可以看到的事情要容易得多。來吧，現在就來仔細看看你的夢想吧。

在開始你的想像之旅之前，要盡量多去搜集資料，來分析哪些想法是可行的，以及如何讓想法變得可行。讀一些成功人士的故事，試試看能不能找到他們並且和他們面對面地交談。不要覺得這個要求是在求別人幫忙或者強人所難。事實上，那些有成就的人是非常願意幫助別人的，他們也會因為你尊重他的經驗和成就而感到高興。

制訂計畫

一旦你確定了奮鬥目標，接下來就應該制訂計畫。沒有明確的計畫，就是超人有時也會一無所成。讓人吃驚的是，只有極少數人會認真地規劃如何去爭取成功，也有少數人會做預防措施來避免失敗，但預防措施只是一個消極計畫而非積極計畫：積極計畫關乎成就，消極計畫關乎失敗。當然，儘管消極計畫不夠好，但總比大多數人幾乎沒有計畫要好一些。在某一特定的時間和地點下，大多數人都會選擇阻力或者風險最小的一個方案，認為沒有失敗就是成功，但事實並非如此：逃避風險和失敗的同時，你也將成功拒之門外。

我們用前面提到過的步驟來確定目標，以及優先級別。以日、周或者月為單位來設定進度表，學會有效地管理時間。這個進度表有以下三個益處：

第一，進度表會讓你清楚地看到還有多少任務沒有完成，確保時間有效分配，避免遺漏重要的活動。

第二，人們覺得金錢寶貴，所以會記錄個人收支狀況。可是時間比金錢還要少還要珍貴，所以你必須對時間的利用狀況進行記錄。即使不能讓你更有效地安排利用時間，進度表至少會提醒你時間的珍貴。

第三，時間管理是掌握生活的重要手段，它會讓你有一種生命被自己掌握的感覺。

計畫的另一個重要作用在於讓你得到所需的幫助和支持。歷史證明：單打獨鬥的力量永遠是相對有限的。在超人故事中，最初的超人是一個孤軍奮戰的超級英雄，但到了1950年代的時候，超人已經成了美國「正義聯盟」的一份子。在這個聯盟中有很多超級英雄，他們聯合起來完成了很多獨自一人所不能完成的任務。

因此，最好養成尋求幫助的習慣，而不要禁錮在「我什麼都能做」的態度裡，要懂得合作。不要等到大難臨頭的時候才去請求別人幫助。在制訂計畫時，不妨想想你可以向哪些人尋求指導和建議。然後跟他們好好聊聊，讓他們成為你的良師益友。

為了實現目標而制訂計畫的過程中，最後要做的就是調整心態，為了成功而計畫，不要為了失敗而計畫。如果你總是擔心這擔心那，不僅浪費時間，而且恐怕將失去原本可以抓住的機會。謹記：積極計畫，尋找機遇，謀求成功。

持之以恆

下一章你會讀到，西格爾和舒斯特最初想把超人設計成一個等待救濟的窮人比爾．頓（Bill Dunn），比爾在一次科學試驗後意外獲得了精神超能力。但他們很快就放棄了這個角色，幾年後創造出一個全新的超人，他的超能力不僅是精神方面（儘管有時候超人也會施展這方面的能力），更重要的是他的身體超能力。超人的創作者發現，一個動作英雄遠比一個空想而不行動的英雄更具魅力。這並不是說超人沒有腦子，相反地，超人甚至有一個「孤獨城堡」（Fortress of Solitude），每當超人需要沉思的時候就會去那裡獨處。但無論如何，超人首先是個動作英雄，一個行動家。

在對以往的表現進行了自我分析和評估之後，就要明確目標，並制訂有意義的計畫。這些步驟對實現你的目標極重要，但如果你只是空想而不付諸實施，它們將毫無意義。要是你不打算行動，就別費盡心思去制訂計畫。做了，不一定成功；不做，一定會失敗。

期待成功，抓住每一次機會。也就是說，失去一次機會不僅是你個人的失敗，就另一層意義而言，那就是成全了你的競爭者，不管是在升職、加薪還是其他方面。

只要你做點什麼，就會有改變。一味地空想，不管多麼狂熱的計畫都將一場空。實際行動，或者說有目標的行動絕對能改變現狀。安於現狀永遠不會獲得成功。成為辦公室超人，要樂意改變，做好改變的準備，就像超人那樣，永遠不會害怕摘下眼鏡、脫下外套，躍出經過縝密準備的那一步。

超人背景故事

沒有人生來就是乞丐或者罪犯，也沒有人生來就是商界鉅子。每個人的身分都是後天獲得的，雖然程度有所不同，但這絕對是不容爭辯的真理。

沒錯，有些人生在富人家庭，父母是地位顯赫的商業領袖；有些人生在窮人家庭，父母是十惡不赦的罪犯；有些人天生聰穎，也有些人生下來就患有智力缺陷疾病。同時，出生的年代或者地點對一個人的一生也有重要的影響。當年領導美國走出經濟大蕭條並且取得第二次世界大戰勝利的羅斯福總統說過：「某些年代的人們豐衣足食，而另一些年代的人們卻不得不風餐露宿。」

我們習慣將遺傳、家庭經濟狀況以及特定的出生年代和地點稱為「運氣」，並非所有的人都有好的「運氣」。但所謂的運氣只是問題的表面，人們經常將它視為問題的答案。以傳奇人物布里奇・里基（Branch Rickey）為例，他在1940年代曾經擔任布魯克林・道奇棒球隊的總經理。布里奇在任期間之所以取得非凡的業績，正是因為他敢於挑戰職業棒球的行規，打破膚色限制，大膽簽下了偉大的傑克・羅賓遜。

運氣很重要，但抓住運氣的努力更重要。

榜樣的力量

相信我們每個人都有過不少的榜樣，以他們的準則作為標準來規範自己的行為舉止和追求的目標。這些榜樣可以是我們身邊的人，像父母親朋、兄弟姊妹、師長前輩，或者同事下屬；也可以是公眾人物，例如倍受尊重的企業家、體育明星、音樂家、演員、政治家、宗教領袖等等。我們把這些人視為英雄，因此，我們對榜樣的選擇越嚴苛，我們就更了解他們，也更能從他們的事跡中學到經驗。

選擇超級英雄

問題是，很多榜樣並不是我們主動認真選擇的，我們有時候會很隨意，甚至有時候鬼使神差地就迷上了他們。比如，我遵從父親的意見，成了一名會計師，但並不是因為我命中注定適合這個工作，僅僅是因為埃塞爾阿姨是一名會計師，而我那去世的父親說「她工作還做得不錯」。我們獲得榜樣的方式幾乎和我們對待運氣的態度一致——逆來順受。儘管有人的確選擇了很好的榜樣，但也有人選擇了不好的榜樣，也有人對此根本感到無所謂。很少有人在選擇榜樣的問題上比對待運氣更積極。

如果你過去沒有認真想過，那麼現在開始主動選擇自己的榜樣也不晚。你甚至可以為自己設計一個內心崇拜的偶像，一個英雄，一個超級英雄。這絕非癡人說夢，很多年前克里夫蘭的那兩個小伙子就是出於這樣的動機把超人帶到這個世界上來的。

運氣不佳

西格爾和舒斯特兩人都出生在1914年。西格爾祖上就居住在克里夫蘭，而舒斯特父母剛剛從多倫多移民過來。1931年他們同時進入了格蘭威爾高中。自1929年股市崩潰以來，美國一直深陷經濟大危機，尤以工業基地俄亥俄州遭受的損失最為嚴重，克里夫蘭更是首當其衝。和當時克里夫蘭的大多數孩子一樣，西格爾和舒斯特的童年都留下了這段艱苦歲月的印記。二三十年代的克里夫蘭居住著很多猶太人，其中包括了西格爾、舒斯特，以及他們的很多同學。眾所周知，由於大洋彼岸希特勒統治下的德國對猶太人展開大屠殺，猶太人的生活在這段艱難的歲月中更加難以為繼。

生活在1931年的克里夫蘭不容易，生活在克里夫蘭的猶太人更不容易。事實上，面對困境，西格爾和舒斯特並沒有表現出什麼過人之處。他們沒有健壯的體魄，長相平凡，更不是學術明星。當時格蘭威爾高中的很多年輕人都是雄心萬丈，想成為律師或是醫生，渴望成功。他們的不少同學後來真的都成了一代巨匠，像創立了「相互影響心理學」臨床療法的心理學大師阿爾伯特・馬斯洛（Albert Maslow），轟動一時的舞台劇《空穴來風》（*Inherit the Wind*）的作者之一、劇作家傑羅姆・勞倫斯（Jerome Lawrence），使《青春一族》（*Seventeen*）成為空前暢銷的青少年情感雜誌的記者夏洛特（Charlotte Plimer），以及演藝圈傳奇經理人西摩・海勒（Seymour Heller）。

西格爾和舒斯特二人在1931年的時候想成為什麼樣的人呢？也許他們還不知道，也許他們根本沒有勇氣告訴別人，因為他們想成為夢想家——現在，他們成功了。

他們一起在校刊工作，西格爾從事文字創作，舒斯特負責漫畫。他們都喜歡科幻小說，西格爾還在校刊登了自己的《科幻：未來文明先鋒》，並定下500萬的預期發行量。同時，西格爾還為校刊寫一些滑稽小品和恐怖小說，他以人猿泰山為原型所創作的小說也在1931年5月7日和讀者見面。小說裡大動物四肢的肌肉可以彎曲，以其古怪精靈的搞笑形象迅速贏得了鎮上孩子們的喜歡。西格爾並不滿足眼前的成功，而是將目光瞄準了更大範圍的讀者。他繼續寫科幻小說，繼續和舒斯特鍥而不捨地向大雜誌社投稿。

1932年10月，西格爾出版了第一期的《科幻》雜誌，雜誌的發行遠遠沒有達到預期的500萬冊，但還是讓西格爾小賺了一筆。舒斯特後來為雜誌設計了一套頗具現代風格的封面，並添加了插圖。次年1月，第三期雜誌以「超人的統治」為主題正式發行。

夢想與現實

第三期雜誌講述的不是超人的誕生，人物形象也和我們所熟知的超人不盡相同。西格爾和舒斯特最初創作的比爾・頓是個無聊的、妄自尊大的傢伙，幻想著能夠建立超人（也就是他自己）在全世界乃至全宇宙的統治。比爾並非天生野心勃勃，而是被一個叫做歐內斯特的教授在某次實驗中變成了野心家。

故事發生在經濟危機和第二次世界大戰之間。歐內斯特是個變態科學家。有一天他在等待分配救濟食物的隊伍中發現了比爾，然後把他誘騙到自己的實驗室。歐內斯特之前從

喬納森·肯特和瑪莎·肯特夫婦

初次登場：《動作漫畫》第一輯，1938年6月。

住在堪薩斯農場的老肯特夫婦原本沒有孩子，直到有一天，他們在附近緊急降落的一艘小宇宙飛船上發現了嬰兒超人。他們把超人從飛船中解救出來，並收養了他。老肯特夫婦用愛心把超人撫養長大，並用美國價值觀教育他們的養子。

在最新的有關老肯特夫婦的故事中，喬納森·肯特被描述成定居在當地的一名普通農場主人。喬納森愛上了當地的一個女孩瑪莎，最後兩人結成眷屬。婚後不久他們發現自己不能生育，超人的出現讓他們欣喜若狂，他們收養了這個來自毀滅的氪星上的孩子，並像對待自己的孩子一樣把小超人撫養長大。

現在的故事中，老肯特夫婦還是住在堪薩斯的農場，永遠支持著我們的超人。

一塊墜落到地球的隕石上提取了某種化學物質，為了驗證該物質對人的照射會產生什麼反應，比爾成了他的試驗品。意想不到的是，試驗中發生了反氪效應，比爾非但沒有受到傷害，還獲得了精神超能力。比爾逃脫了歐內斯特的魔爪，不久更發現他可以用心靈感應來控制其他人的思維。

最初，超人比爾的行為舉止還頗有西格爾和舒斯特的風格，比如，他也喜歡夢想，偶爾會動用自己的精神超能力來關注火星奇怪生物間的戰爭。但之後比爾開始變化，他的興趣轉向地球，並進一步轉向經濟方面。他用自己的超能力攫取財富，從最初的偷竊到後來的操縱股票、豪賭出千。歐內斯特教授面對比爾的罪惡行徑挺身而出，決定透過同樣的化學照射來破壞比爾的超能力，以此制止比爾。可惜歐內斯特教授的計畫還沒來得及實施，就被比爾殘忍地殺害了。比爾還把之前的罪行都推到死去的歐內斯特身上。

如果說舒斯特在畫比爾・頓的時候只是偶爾想到那個妄想統治世界的墨索里尼，那麼西格爾隨後編的故事可以說完全配得上這個尖嘴猴腮外加禿頂的義大利強權人物。比爾施展精神幻術，破壞了一個極其重要的國際和平會議，試圖引發世界大戰，利用大戰帶來的混亂實現他征服世界的野心。希特勒曾宣稱：「今天我擁有德國，明天我將擁有世界。」對西格爾和舒斯特筆下的比爾・頓來說，這句口號應該改成：今天我擁有世界，明天我將擁有全宇宙！

幸運的是，歐內斯特教授的化學試驗的藥效對所有人都是暫時的。當超能力消失後，比爾・頓退出了舞台，或許又回到了領取救濟糧的隊伍中。

如果讓洛杉磯的劇作家或導演來編寫這個故事，他們對這個結局恐怕是意猶未盡。但是，西格爾好像預料到比爾・頓這個人物形象魅力不會持久，所以當初沒有在主創人員名單中使用自己的真名，而用了「赫伯特・法恩」，一個結合了他母親和堂兄名字的假名。西格爾正是透過這位堂兄才有機會結識舒斯特。

西格爾和舒斯特決定以後不再編寫邪惡超人的故事。不久，兩人在《科幻》雜誌上開始連載漫畫「星際警察」，西格爾對讀者說這部漫畫在出版界贏得了一致好評。實際上，由於認為作品不合格，聯合通訊社早已禮貌性拒絕了西格爾的連載請求。西格爾和舒斯特在接下來一期的《科幻》雜誌又宣稱「星際警察」已被改寫成廣播劇本。然而，如果你認為「星際警察」廣播劇很快就會問世，那你又大錯特錯了。

但西格爾、舒斯特二人為夢想付出的努力一點都沒有白費。不斷地失敗和摸索讓他們的創作風格逐漸成熟，最終有了突破性的進展。他們把主題定位在力量上，並將之前的外太空與超能力犯罪等因素糅合在最新的創作中。

1933年初，《科幻》雜誌在出版了5期之後停刊。西格爾和舒斯特把注意力從漫畫雜誌轉移到另一種媒介上：漫畫書。在此之前，漫畫都是在報上連載的，但在1933年情況有了變化。一名來自東部彩印公司的銷售員為了保持公司的持續營運能力，開始把之前在報紙連載並大受歡迎的漫畫集冊出版，命名為《經典漫畫》（*Famous Funnies*）。這種方式引起了西格爾和舒斯特的極大興趣。西格爾多年後回憶當時的情景，感慨地說：「我們對漫畫書幾乎是一見鍾情。」新形式出現以後，內容成了難題。「經典漫畫」沒有新內容，都是報紙上曾經連載過的漫畫。過了幾個月，芝加哥聯合出版公司開始發行原創漫畫書——《丹尼爾偵探：48號秘密》（*Detective Dan: Secret Operative No.48*）。該書除封面彩印外，內頁都是黑白印刷。如此一來，激發了西格爾和舒斯特的創作熱情。兩人打算創作一套全新的《超人》漫畫書，並在書的封面上印上「卡通科幻故事」或是「史上最驚悚小說」之類吸引眼球的字樣。

他們把《超人》寄給了聯合出版公司，等來的卻是這樣一份回覆：如果出版商決定再出一期《丹尼爾偵探》，但作者和畫家對此存在爭議的話，那麼我們就會考慮出版你們的作品。信裡透露著兩個負面信息：如果聯合出版公司不出版《丹尼爾偵探》的話，《超人》也不一定能出版；而如果公司決定出版《丹尼爾偵探》，同時作者和畫家對於創作達成一致意見，那麼《超人》就更沒有希望出版了。然而西格爾和舒斯特沒有這麼悲觀，他們從回覆信中看到的是一絲絲的鼓勵。《丹尼爾偵探》第二期最終沒有出版，他們似乎看到了希望，並為此高興不已。但不久他們得知，《丹尼爾偵探》沒有繼續出版的真正原因是聯合出版公司已經退出了漫畫書出版業務，這點讓兩人從幸福的雲端重重跌了下來。

從他們剛剛認識開始，現實就是殘酷的，以至於總是與他們的夢想背離。西格爾不得不繼續從事送貨員的工作，舒斯特每年夏天靠賣冰淇淋掙點小錢。為此舒斯特燒毀了《超人》，西格爾好不容易才把封面搶救下來。封面以一個大城市的天空輪廓為背景，一個正從高空飛落的肌肉男，一個暴徒正拿著槍挾持著人質。它清楚表達了一個訊息：和以前那個領救濟品、後來變成惡棍的傢伙不一樣——這本書的主人翁是個英雄！

構思超級英雄

西格爾和舒斯特成名後，無數的職業寫手和研究者都來採訪他們，就像現在的娛樂記者一樣，試圖了解那本被燒掉的《超人》中的情節——也就是現在流行的超人前傳。或許因為之前失敗的教訓太過刻骨銘心，這對搭檔始終低調回應。實在沒法應付的時候，舒斯特偶爾也會多講一些，而西格爾總是堅持那本書沒有太多不同之處，殘存的那一張封面中超人的裝束也證實了這一點。透過超人從天而降的這張封面，我們可以看出那本書的確不是成熟的創作。回憶當時的情景，他們二人有兩點共識：第一，超人非常強壯，非常勇敢，但並沒有超能力。第二，超人是一個好人，不是惡棍。這樣的人物形象或許源自創作者的道德情感，或許不是。只有一點是肯定的，那就是比爾・頓的形象已經徹底成為歷史，因為西格爾和舒斯特意識到，為一個壞蛋出版一系列的漫畫書簡直是死路一條。但是，構思一個超級英雄系列漫畫，卻可能大獲成功。

上述提到的這些對我們今天看到的超人形象非常重要。在當時，久經挫折的西格爾和舒斯特在失望之餘，深深陷入日常瑣事中，幾乎忘了他們的理想，至少有一段時間是這樣。想想看，不久前還想著要出版一本有500萬冊發行量漫畫雜誌的高中學生，現在為了生計不得不去遞送郵件和賣冰淇淋。經濟大蕭條真是殘酷。二人公寓的暖氣系統被迫關閉，西格爾到現在還記得，高度近視、戴著眼鏡的舒斯特弓著腰站在畫板前，臉幾乎貼在那髒兮兮的紅褐色畫紙或者牆上殘留的壁紙上——他根本沒有錢買畫紙。環境對這兩個年輕人來說極其惡劣，他們一無所有，惟一的財富是那些從各式各樣的漫畫中拼湊出來的卡通人物形象，比如大力水手卜派、紅花俠、蒙面俠蘇洛，還有羅賓漢，甚至「超人」這個名字都是從別處學來的。

「Übermensch」這個字是德國哲學家尼采在《查拉斯圖特拉如是說》（*Thus Spake Zarathustra*）一書中自造的。這個字有時被翻譯成「優等民族」，但更經常被翻譯成《超人》，指的是尼采想像中的優越人士，這類人的思想、意志和創造力能讓他們凌駕於人性之上，並且擁有一般人無法企及的道德水準。1903年，受到尼采哲學的啟示，愛爾蘭劇作家喬治．蕭伯納創作了《人與超人》（*Man and Superman*）一劇。西格爾選擇了「超人」一詞，可能受到尼采哲學或蕭伯納劇作的影響，或者是在高中文學課上學到的，也有可能是西格爾突發靈感創造出來的，因為「超人」問世的年代有著特殊的背景：1933年，阿道夫．希特勒和他的納粹黨上台執政，大力宣揚尼采的哲學，並不斷地宣稱德意志民族即優等民族，也就是尼采筆下的「Übermensch」。

一個美國猶太裔高中生把自己科幻小說中的主角命名的「超人」，其諷刺意味不言而喻：二次大戰時期誕生了大量的超人漫畫，鋼鐵超人的行俠仗義與納粹份子的無惡不作無疑形成了鮮明的對比，進而嘲諷了希特勒所鼓吹的「優等民族」。在大肆虐待猶太人的年代裡，西格爾對超人的概念如此執著，莫非私下還有什麼目的？或許有。西格爾和舒斯特一定非常希望這套漫畫能讓他們盡快擺脫經濟上的窘境。大約在1934年——也就是聯合出版公司打破了西格爾和舒斯特的夢想一年之後，整個超人的構思已經完全成熟，我們現在熟知的超人故事源源不斷地從傑瑞・西格爾和喬・舒斯特二人的筆端噴湧而出。

1983年，有人在採訪西格爾的過程中提到了克拉克・肯特原型的問題。跟肯特一樣，性情溫和的舒斯特也是戴著厚厚的眼鏡。舒斯特是原型嗎？西格爾回答說：「肯特這個人物形象的塑造不僅僅源於我的私人生活，舒斯特也有極大的貢獻。當時，身為一個高中生，我覺得今後某一天我可能會成為一名記者，喜歡幾個漂亮女孩，但這些女孩也許根本不認識我，也許不在乎我。我想，要是我有特異功能，比如說可以躍過高樓大廈或者舉起一輛汽車，情況會不會有所改變？當然，舒斯特很大程度上就是肯特的原型。」舒斯特同意西格爾的說法：「我脾氣很好，戴著厚厚的眼鏡，見到女人就會害羞。」西格爾則回應說，舒斯特工作的時候，「不僅僅是在畫畫，同時付出真情實感來創作」。

一旦西格爾和舒斯特進入了這種忘我的創作狀態，從自身的情感、需要、抱負和生活來描繪人物形象的時候，他們所借鑒的那些漫畫英雄、電影偶像甚至是尼采的「Übermensch」都不再生硬，它們無聲無息地融入了《超人》這部作品。

1934年西格爾的創作高峰來臨的時候，他徹夜不眠，寫下一個又一個超人故事，然後一大早就抓起草稿狂奔向舒斯特家，與舒斯特一起切磋人物形象。窮困、艱辛、羞澀，雖然世界對這兩個來自克里夫蘭的孩子如此不公，但他們還是創作出心目中的英雄，一個超級大英雄，一個生活在真實中的夢幻式人物形象。他們克服了一路險阻，他們成功了！

超人的身世

超人自然要有超強的力量，但不是類似比爾．頓曾經濫用的精神超能力。超人應當擁有無與倫比的強壯身體，同時身輕如燕。他比所有人都強，不論是打架、跳躍能力，還是奔跑。就算是最厲害的壞蛋也不是超人的對手。超人的敵人從普通犯罪份子，到後來的腐敗政客、暴君，以及任何違法犯罪、妨礙正義的壞人。超人事實上成了社會不可或缺的一份子。

英雄的故事充斥著文學、民間傳說和古老的神話，例如舊約或希臘神話中的大力士。但西格爾和舒斯特從沒有停止思考，終於在這個最普遍的故事基礎上創造出嶄新的人物形象。首先就是超人的裝束。舒斯特說過：「超人胸口上有一個大大的S型，身披紅色披風，這樣會讓他像現實中的人一樣有趣和特別。」此一想法並非原創。譬如，道格拉斯．費爾班克斯（Douglas Fairbanks）筆下的羅賓漢就以一套合身的行頭為人們所熟悉。再比如，之前的報紙上曾經出現過弗萊徹．戈登（Flash Gordon）這個漫畫人物，也是以身著獨特的緊身衣而著名。舒斯特吸取前人的經驗創造出一個全新的形象：明快的顏色和胸前護罩上大大的S不僅讓人眼睛一亮，還有中世紀騎士般的高貴氣質，與超人宇宙終極警察的身分非常相稱。

為什麼西格爾和舒斯特要創作一個來自外太空的主角呢？兩人在1980年代接受採訪的時候，並沒有清楚的解釋。西格爾說：「沒有為什麼，當時就這樣定下來了。」舒斯特還不忘補充一句：「我們只是覺得這是個好主意，沒有特別的想法。」事實上，西格爾和舒斯特認為自己是在創作科幻作品，而1934年的科幻作品通常需要來自外太空的人物形象。不管兩人出於什麼考慮作出這個決定，我們的超人幾十年來歷久不衰，足以證明他的吸引力和這個決定是正確的。

如果說超人是終極大力士、運動健將和警察，那麼超人從「氪星」不遠萬里來到地球，足以讓他成為超級移民。這對美國人來說意義非凡，因為大多數美國人都是兩三代人之前移民到這塊新大陸來的，有的甚至自己就是新移民。這些移民大都經歷過不公、欺侮甚至迫害，雖然他們最後獲得了合法的權利。但超人不同，雖然也是移民，他卻擁有超能力並勇敢地用超能力向那些恃強凌弱的人戰鬥。

坦白講，超人連移民都算不上，最多是難民——他是那顆被內部張力撕得粉碎的星球上惟一的倖存者。1934年，納粹份子和法西斯份子已經開始製造政治流放，流亡者逃到美國，在那裡尋求自由。超人既然是移民，自然需要和美國人好好相處，但他的身分讓他變成一個超級移民。很多宗教都認為救世主來自地球以外，包括基督教。那麼，胸前畫著S標誌的外星超人是救世主嗎？

超人身世的故事多年來幾經修改。最早的版本是這樣的：一個不知名的人開著汽車發現了一架從「氪星」逃離、緊急迫降到地球的飛行器，飛行器裡面睡著一個小孩。好心人把孩子（也就是克拉克．肯特）送到了孤兒院，在那裡克拉克．肯特成長為超人。在以後的版本中，發現幼年超人的好心人變成了喬納森和瑪莎．肯特，他們把超人當做自己的孩子一樣撫育成人。這些有關超人身世的說法都是神話故事中常見的「神聖棄嬰」的翻版，這種故事在猶太教和基督教中更是常見，像摩西（Moses）就是籃子中漂流的棄嬰，後來在蘆葦叢中被發現。

順著社會學、神話傳說和宗教的思路來探究超人的身世是一件很有意思的事，但重要的是，我們要記住：西格爾和舒斯特創作了一個真正的超級英雄，一個有深度、有價值的漫畫形象，一個有著許許多多故事的栩栩如生的人物，一個德才兼備、可以被奉為模範的角色。

超人的內心

西格爾和舒斯特幾乎創造了一個神，幸好他們並沒有這麼做，因為神雖然好，但神不會是英雄。

人類居住在某一個星球，而神在另一個世界，他們是永遠不會相遇的。大多數宗教在面對這個問題的時候，都會提到介於人神之間的某些人，比如希臘故事中的普羅米修斯、印度活佛、耶穌基督。西格爾和舒斯特想出了另外一個辦法，那就是讓超人既有英雄的一面，又有凡人的一面——克拉克・肯特。肯特就像舒斯特一樣戴著大眼鏡，從事著西格爾曾夢想過的職業：記者。肯特性情溫和，見到女人就會害羞，尤其是見到他暗戀的露薏絲・連恩。肯特的這些性格在西格爾和舒斯特兩人身上都可以找到。

有人說超人這個角色從道格拉斯・費爾班克斯那裡而來（西格爾也承認這一點），舒斯特卻認為克拉克・肯特有點像海拉德・勞埃德（Harold Lloyd）。費爾班克斯是銀幕流氓中的俠盜，而勞埃德是無聲電影時期的搞笑之王。巨大的羊角眼鏡框成了勞埃德的標誌性裝飾，並為其贏得了「眼鏡笑星」的稱呼。他和其他的年輕人一樣，穿著有些呆板的西裝和領帶，所以勞埃德在人群裡並不起眼，這也讓他滑稽而勇敢的表演風格更加有趣。

觀眾雖然喜歡道格拉斯・費爾班克斯，但他們更加認同勞埃德這樣的形象。西格爾和舒斯特創作克拉克・肯特就是為了讓這種認同與超級英雄統一起來，之後無數的漫畫書、電影或者電視也都採用了這種形式。肯特使超人人性化，就像耶穌人性化上帝，釋迦牟尼人性化佛祖一樣。但是，這並不意味著肯特讓超人的身分下降成凡人，就像基督的降世也不意味著上帝等同於人類一樣。相反，肯特讓我們能夠接近超人，因為身為《星球日報》記者的肯特讓我們意識到，任何人都可能有超人的另一面，不管他的性情多麼溫和。這就是西格爾和舒斯特的過人之處。

紅色披風和戰靴、藍色緊身和黃色腰帶刻畫出閃亮的英勇超人，但肯特的平凡和貼近生活才是這部漫畫經久不衰的原因。我們和肯特一樣都是平凡人的裝扮，也許有一天我們也可以和肯特一樣，在普通的外表下跳動一顆超人的心！

CHAPTER 3

解密超人

「他比高速飛行的子彈更快，他比火車頭更有力……」超人多年來長盛不衰的原因很明顯。對孩子們來說，他們喜歡超人高速飛行的能力、超強的力量、敏銳的聽覺、X射線般的視力，還有其他數不盡的本事。超人不斷增加一些新的能力，例如：超人可以屏住呼吸在水下待很長時間；可以一口氣吹滅熊熊烈火，還可以讓漲潮時的水浪凍結；超人能模仿別人說話，有千里傳聲的本領，他大叫一聲就有100萬分貝。想想看，哪個孩子能不喜歡超人？

這些超能力理應是小孩子喜歡的把戲，但現實是，超人讀者的平均年齡約21歲。這說明超人仍然是當今的文化偶像，就好像他洞悉流行文化的規律一樣。比如，1978年製作的第一部超人電影深受大人們的歡迎。超人的三部續集也都叫好叫座；早在1966年，由海拉德·普林斯這一級別的編劇和導演創作的超人音樂劇上映的時候，一票難求，這正是因為不僅僅孩子喜歡，大人們也喜歡；1950年代播出的電視劇《超人歷險記》（*The Adventure of Superman*）系列當然是以孩子為目標觀眾，但1993年美國廣播公司播出的《露薏絲與克拉克：新超人歷險記》（*Lois and Clark: The New Adventures of Superman*）將超人故事改編成性感浪漫的探險劇，該劇仍然排名收視率榜首，並且一直放映到1996年；2001年華納兄弟影業首播，以克拉克幼時成長經歷為題材的《小鄉村》（*Smallville*）同樣成為收視率冠軍。

為什麼超人有這麼大的魅力？

孩子們喜歡的是超人的超能力，但這只是喜歡超人的第一步。隨後，你會逐漸發現超人的魅力不僅限於這些能力，而在於超人是個大英雄。

什麼是英雄

不妨問問孩子們，心目中的英雄是什麼樣子，你得到的答案八成跟超人相符。就像大多數孩子們認為的那樣，英雄應該像超人一樣有勇有謀。孩子們對英雄的看法雖然略顯稚嫩，但基本上和神話故事或傳說中英雄的概念是相近的。傳說中英雄的身世都帶有神秘色彩，這也和超人的外星背景類似。孩子們對超人的定義與神話英雄的形象吻合並不奇怪，畢竟神話英雄也是在人類文明的早期產生的，就像童年是生命中的早期一樣。

實際上，超人的超能力和外星背景並不是重點，這種孩子氣的或神話般的定義英雄並不完整。超人有更多值得挖掘之處。

超人

初次登場：《動作漫畫》第1輯，1938年6月。

真實姓名：kal-El

在氪星即將毀滅的千鈞一髮之際，超人的父母用火箭將小超人送離了氪星，向地球發射。火箭在地球著陸後，被當地的肯特夫婦發現。他們救出了小超人，給他取名為克拉克，並待他像親生兒子一樣撫養長大。

在克拉克出生的氪星，太陽是紅色的，地球的太陽則是黃色的。兩顆星球巨大的差異讓超人獲得了難以想像的超能力，比如力大無窮，感官能力超強，可以自由飛翔等等。同時，他除了無法對抗氪化作用輻射之外，幾乎是不可摧毀的。氪化物質在氪星爆炸之後散落到宇宙中，在地球上黃色太陽的作用下，可以對含氪物質造成致命傷害。

老肯特夫婦鼓勵克拉克自我限制使用超能力。克拉克高中畢業之後，花了7年的時間來尋找一份適合自己的工作，最後決定成為一個超級英雄。超人從當初運載他來到地球的宇宙飛船上選取了材料，為自己做了一套裝束，在他不以「克拉克」身分出現的時候，就會以這套裝束亮相。超人後來在首都的《星球日報》社找到了一份工作，因為這樣他可以隨時掌握世界上的大事，便於他發揮超能力幫助人類。《星球日報》社的明星記者露薏絲．連恩曾經見到超人出手，並注意到超人胸前有一個大大的「S」，便稱呼他為「超人」（Superman）。

從此，超人開始了雙重身分下的生活。他一面是性情溫和的記者，另一面是罪犯、暴君和破壞世界者的死敵。他在工作期間，愛上了露薏絲．連恩，最終與她結成眷屬。

我們的英雄

1938年6月，超人在第一輯《動作漫畫》（*Action Comics*）中與讀者見面。第一則超人故事簡要介紹了超人的身世：「在一個古老且將毀滅的星球上，一名科學家將他的幼子放進匆忙趕製的宇宙飛船中，然後把飛船向地球發射。」一年後，《超人》第一輯對此進行了補充：「就在氪星球毀滅之前，一名科學家把他的幼子放進了火箭艙，把火箭艙發射向地球。地球上的肯特夫婦發現了火箭艙，把裡面的孩子救了出來，交給孤兒院。」故事中，肯特夫婦不久又回到那個孤兒院。肯特夫人請求孤兒院的院長同意由他們夫婦來領養他。孤兒院的負責人雖然沒有直接答應，心裡卻想著：「老天，總算有人願意領養這傢伙，再遲點恐怕整個孤兒院都會被他拆了。」

故事第三輯，還裹著尿布的氪星難民肯特居然將魁梧的化妝師舉過頭頂，還把一個破桌子硬生生推到一邊。看上去很有趣，但孩子們如果都有超能力的話可就麻煩了。由於缺乏成熟的判斷力和道德觀，超能兒童恐怕會砸掉他視線內的所有東西。幼年超人還沒有發育成熟，超能力在他手裡就是一種威脅。在第五輯漫畫的首頁，西格爾和舒斯特開始講述老肯特如何教育小肯特善用超能力。老肯特說：「聽著，克拉克，你身上巨大的力量會讓人們害怕，所以不要隨便使用。」肯特太太接著說：「除非你這樣做可以幫助別人。」

這是超人生命中一個非常重要的時刻。這一輯交代了超人日後偽裝自己超能力的必要性，並為超人成年後行俠仗義埋下伏筆。肯特夫婦試圖讓他們的養子用超能力來幫助別人，而不是為非作歹。

在接下來的第六輯漫畫裡，超人長大了，從一個懵懂少年長成了魁梧的年輕人。在這個過程中，我們逐漸領略了超人的能力：「小傢伙長大後，發現自己可以跨越高樓大廈，可以一躍數百米，可以舉起幾噸的重物，還可以跟火車賽跑。除了炮彈，沒有什麼能夠傷害他。」這對小克拉克的外科醫生來說可就麻煩了，醫生總是抱怨：「怎麼搞的！你的皮膚已經弄斷我六根針頭了！」

肯特夫婦在第七輯的時候去世。悲痛萬分的克拉克在養父母的墳前發誓：「在有生之年盡可能用自己的超能力來幫助他人，救人於水火。」就這樣，超人真正誕生了。

直到這個時候，我們終於看到什麼是成熟的英雄。孩子和神話喜歡把超人描述成有超能力、膽識過人的形象。現代社會對英雄的定義同樣強調勇氣，但還加入了其他道德元素，比如高尚的目的、捨己為人的情操等等。做一個英雄，有超能力是不可少的，而且越強越好，但道德元素更加重要。

1939年的《超人》第一輯漫畫繼續著《動作漫畫》第一輯的故事情節，書中的年輕超人仍然不辭辛勞地支持正義：夜總會歌女比衣因為與客人傑克發生爭執而將其殺害，並嫁禍給伊夫林。伊夫林被判有罪，將要被執行死刑。超人來到比衣的化妝室，等待她進來。比衣進屋後看到超人，挑逗他說：「你在我的房間想幹什麼？」超人回答：「當然是等你。」

在這種關頭，超人並沒有想著風流的事，而是質問：「我知道你殺了傑克，還嫁禍給伊夫林，或許你想知道為什麼我會知道這件事吧。告訴你，是我從死牢裡救出來的一個人告訴我的。」比衣將手指輕輕地按在超人的唇上，說：「你真迷人，我們不能談點別的嗎？」比衣打算勾引超人的如意算盤落空了。超人說：「別浪費時間了，我是來將妳繩之以法的。」

超人這樣的英雄面對誘惑而不為所動。重要的不是不為所動本身，而是他為了伸張正義而拒絕誘惑。

超人第一次行俠仗義就拒絕美色，他堅持將比衣送到司法部門，讓她當著州長的面坦白所犯下的罪行。這時離伊夫林被執行死刑只有幾分鐘，伊夫林在超人的幫助下得以無罪釋放。

超人成功救了無辜的伊夫林的生命，並憑此事跡得到《明星日報》（這份報紙從第22輯開始改名為《星球日報》）編輯的賞識以及一份記者的工作。超人化名為克拉克．肯特，開始了另一面的生活。

不錯，超人藉此找到了一份工作，但誰會羨慕這個做了樁大好事卻只得到這麼點小小回報的人呢？但超人還是有自己的考慮，他接受這份工作不是為了養活自己，而是為了「能即時得到消息，以便即時地幫助那些陷入困境的人」。

《動作漫畫》第一輯裡，克拉克在和同事露薏絲．連恩小姐一起外出工作時，鼓起勇氣說：「露薏絲，今晚可不可以……和我約會？」露薏絲欣然接受。不巧的是，克拉克和露薏絲正在跳舞的時候，一個小流氓闖進舞廳，干擾了兩人的約會。制伏這個傢伙對超人來說並非難事，但這樣的話，克拉克的神奇力量就會暴露在露薏絲小姐面前，克拉克選擇了退讓。

憤怒的露薏絲小姐對克拉克說：「你真的要讓我和這個傢伙跳舞？」

克拉克無奈地說：「理智一點，露薏絲小姐，妳跟他跳完舞後我們馬上就走。」

露薏絲感到既痛苦又屈辱，怒不可遏：「要是你願意，你留下來和這個流氓跳舞，我現在就走！」小流氓插嘴說：「怎麼了？來吧，妳會喜歡的。」露薏絲狠狠地打了他一巴掌。克拉克嘴上喊：「別這樣，露薏絲。」心裡卻暗暗為之叫好。

小流氓轉過身來揪住克拉克說：「過來，小子，我要和你好好算算這筆帳。」然後重重地打了克拉克一巴掌。克拉克仍然溫和地說：「我沒興趣和你打架。」

這時露薏絲穿上外套，氣沖沖地走出舞廳，上了計程車。克拉克追出來，露薏絲冷冷地對克拉克說：「你真是個懦夫。」

這對克拉克來說真是羞憤至極。即使是漫畫書，讀到這裡也會覺得壓抑和難受，不過這也凸顯了克拉克的可貴人格。他寧可承受羞辱，寧可犧牲和最喜歡的女孩的浪漫約會，也不願意暴露自己的身分和能力。只有他隱姓埋名、與人相安無事，才能保住眼下這份記者的工作，才能幫助別人。

克拉克沒有悶悶不樂，而是很快化身超人，以防露薏絲繼續受到流氓的騷擾。果然，那傢伙從舞廳出來以後糾集了同伴，追上了露薏絲的計程車。他們攔住了計程車的去路，並把露薏絲塞進了他們的車裡，揚長而去。超人站在路中間，這群壞蛋居然惡狠狠地開車衝向超人。超人輕而易舉地躲開汽車，追了上去，徒手將汽車拽停，一隻手把車舉起來使勁地搖。車裡的人被從窗戶和車門搖了出來，汽車也被重重地扔向了岩石，摔得破爛粉碎。超人抱起露薏絲，快速離開現場（超人直到40年代的漫畫裡才能飛）。第二天早上，克拉克出現在辦公室的時候，露薏絲對克拉克比以前冷淡了許多。

超人救出了露薏絲，倒楣的是克拉克。還沒來得及撫平失戀的創傷，超人就要去完成下一個使命——阻止貪污腐敗的巴羅參議員在國會通過一項危險的立法。巴羅跟同謀者說：「這項法案通過，人們根本無法完全意識到它的意義。等到他們明白的時候，美國已經捲入歐洲事務了。」故事將在《動作漫畫》第二輯繼續。

你就是英雄

講完超人故事的第一部分，我們發現，有關超級英雄和超能力的故事很有意思，但故事的核心是超人對超能力使用的自律，而這往往意味著某種程度上的自我犧牲。很明顯，超能力吸引了眾多孩子，但超人的自律和自我犧牲，讓超人的形象永遠鮮活地存在於幾代人的心目中。

但是，單單上面這些品格真的足以讓超人成為我們的楷模嗎？是的，就這麼簡單。然而，先不說超能力，僅是《動作漫畫》第一輯裡超人的行為就已經讓大多數人覺得難以做到了。也許你只想把工作做得更好，能夠升官發財。超人放棄了一切，只為了做好事；當然，這並不是說你也需要放棄一切。

如果模仿英雄很容易，那每個人都能成為英雄，英雄的故事也就不像現在這樣吸引我們了。問題就在於英雄主義很難，以至於絕大多數人都做不到，所以英雄主義才如此引人入勝。英雄的故事不是為了讓人模仿，而是為了激勵大家。

超人成功的秘訣是服務他人。在現實世界中，由工作、客戶、老闆、同事和下屬組成的世界中，這種捨棄私利為他人犧牲自我的精神，正是讓你在公司節節高升、成為辦公室超人的要訣。在工作中多關心別人，當別人有問題的時候就會來找你，而你也將會獲得回報。

學習成為超人的秘訣

從道德上來說，把別人的利益放在第一位是件難以做到的事，但若是理性分析，又非常簡單。比如，你面前有一個機會，不妨把它讓給隔壁的喬。這樣做對嗎？當然對！留意別人想要什麼並不意味著你要放棄，而是在別人需要的時候第一個伸出援手。

一道經典的工作面試題：「為什麼我要給你這份工作？」與其誠實回答：「因為我需要錢。」倒不如說：「因為我有這份工作需要的技能」，那麼你獲得這份工作的機會無疑要大得多。面試的時候，要讓面試官覺得我們會是個英雄，因為我們能夠幫助他們。

再比如你買車的時候，業務員會告訴你這輛車多麼安全，性能多麼好，多麼經濟實惠，就算想賣也能賣個好價錢等等。聽上去你能獲得很多實惠，而業務員卻不會。

這不是什麼高深的理論。事實上，很多情況下我們考慮問題時都會把別人的需要放在首位，而我們這麼做也是為了讓自己有利可圖。我們和英雄的區別就在於，英雄無論什麼時候都會先考慮別人的利益，我們不是。渴望成為辦公室超人的人們一定要學會考慮別人，讓自己成為公司不可或缺的一份子。

幫助別人不難。比如，會計部門的簡說：「這下麻煩了。」你的直覺反應可能會讓你馬上低下頭去忙自己的事情，腦子裡想著：「你可千萬別來找我，我真的不知道怎麼辦。」不要這樣，你應該站出來說：「我能幫什麼忙嗎？」然後讓簡來安排有什麼是你可以協助的。

隨著問題出現的是機遇而不是災難。

當貝絲對你說：「這個客戶簡直快讓我瘋掉了。」你應該走過去，告訴貝絲你可以幫忙。貝絲帶你去見客戶的時候，主動向客戶介紹自己，問問有什麼是自己可以做的。

超級英雄的秘訣就在這簡單的一句：「我能做點什麼嗎？」或者「我能幫你嗎？」超級英雄總是在別人需要的時候出現、伸出援手，這是他的本性。不過，在幫別人之前，一定要問清楚：「我該怎麼幫你？」讓別人告訴你應該做些什麼，以避免出現幫倒忙的尷尬場面。在你得到答覆之後，就盡力去做吧。你幫助了別人，也等於幫助了自己。總有一天，你會成為辦公室超人。

做事先做人

從長遠的角度來看，自我犧牲不會讓你吃虧。你為集體所做的貢獻，不管是為了國家、全人類還是只為了自己的家人、企業，你的犧牲終究會讓你受益。成熟的決定通常涉及短期的犧牲和長期的收益。從一開始，超人的捨己為人和他的超能力就成了整個超人漫畫最受關注的兩個中心點。超人從捨己為人中得到了什麼？是人們的尊敬和讀者數十年如一日的喜愛。超人成了最受歡迎的超級英雄，也成了衡量其他超級英雄的準繩。

超人故事證明了一句古諺：要做事，先做人。看看你周圍，很多人都需要幫助，同事、老闆、下屬、客戶。伸出援手，幫助他們，你也會獲得機會。隨著時間的推移（不會很久），你慢慢就會成為大家的依靠，成為極重要、前途無量的辦公室超人。這是對你付出的最好獎賞。

CHAPTER 4 看，超人！

西格爾和舒斯特有充分的理由去創造一個超人，而不是鼴鼠人、雪貂人或是蠕蟲人。克里夫蘭來的這兩個孩子想讓觀眾看到在天上飛的英雄，而不是趴在地上甚至是藏在地底下的英雄。

人類是喜歡朝天上看的物種，大多數的宗教和神話都認為上帝居住在天上，而不是地下。在天空，靈魂和天使能夠自由地飛翔。一般來說，天空意味著歡樂、希望、雄心和渴望，可以讓人自由翱翔；地面則意味著停滯、穩定、常規甚至絕望，只能讓人平淡度日，跌下絕望的深谷。

那麼，超人為什麼是空中英雄已無需贅言。人類自然的天性使然，僅此而已。幾十年來，超人故事在人們心目中的地位也證實了這一點。之前我們提到過，超人在1938年6月的《動作漫畫》第一輯中還不能飛，但有極強的跳躍能力，向上可以跨越高樓大廈，向前可以一步躍出上百米。在1940年春季的《超人》第四輯中，超人甚至可以跳到地球的大氣層之外。同年10月問世的第六輯，超人已經可以用令人瞠目結舌的速度穿過雲霄，迅速化成消失在空中的一點。1941年4月出版的第九輯中，超人能以每分鐘幾百里的速度飛得像火箭一樣迅猛。而

1950年8月第65輯漫畫中的超人，飛行速度達到了每秒數十億英里，這還不是他全速飛行的速度。1957年5月第113輯，超人終於能以光速飛行，轉瞬之間就脫離了太陽系。

某種程度上，超人故事的發展就是超人越飛越高的過程。不管是科幻還是真實，我們就是喜歡看到飛翔的超人。所有的目光都聚集到能越飛越高的人身上。

唯物主義者可能覺得超人可以超光速飛行這一點不合實際，但作為超級英雄，超人也不得不這樣。在狹義相對論中，愛因斯坦解釋了為什麼光速是宇宙中速度的極限，沒有人能夠打破。但規則總是會受到人們的嘲弄，人們甚至無法接受宇宙中存在極限速度這一論斷。人類的天性經常忽視物理，讓超人飛得越來越快，超越光速，超越極限。

甘乃迪效應

超人能有今天的地位是因為在他身上寄託了人命攸關的某些願望，比如說可以飛翔、實現不可能的目標。但這還不是全部。我們的確欣賞超人在對付壞人時那種綽綽有餘的自信和輕鬆，但如果總是看到超人單手舉起一輛汽車，還有什麼意思？所以，要是沒有衝突和爭執，超人漫畫也就無法流行長達70年之久。當然，很多問題對超人來說非常簡單，但是有些問題卻很棘手。大多數時候，超人都處於危險的環境，面臨著巨大的風險，因此不得不竭盡全力來應付。超人有很多潛能正是在這一連串過程中不斷被激發出來的。

美國肯定有幾百所高中都和堪薩斯州高中一樣，把一句拉丁語作為座右銘：Ad astra per aspera，翻譯過來就是：「通向星星的路上布滿了荊棘」，或者更優雅地表達為：「歷經磨難，方抵星辰」。這句座右銘很有吸引力，就像約翰·甘乃迪總統於1961年3月25日在國會做的那次令人難忘的演講一樣：「美國一定要在1960年代結束之前把人類送上月球，還要讓他們平安地返回地球。」甘乃迪宣稱：「這個計畫將成為我們這個年代最令人難忘的計畫，甚至比對空間的長期開發計畫更加重要。」這位前總統用異常現實的語氣說：「不管這項計畫多艱難、多麼昂貴，我們最後一定能勝利。」但是，他並沒有過分強調計畫的難處和巨額花費，也許是因為這些負面因素會令人沮喪。相反，他說：「我們選擇登上月球，就在這個10年。我們這樣做正是因為這項計畫有挑戰性，因為藉此我們可以有效組織我們國家的能力和技術，我們永遠樂於接受挑戰，我們不願意推遲，我們要贏。」

「我們要做出迎接挑戰的選擇，而不是甘於應付簡單的任務。」甘乃迪的這句話並沒有打擊美國人的信心，相反地，美國人受到這項宏偉計畫的激勵。

不要害怕失敗，為自己確立一些宏大的目標。如果你沒有自我要求，最後肯定會一事無成。低標準容易實現，雖然看上去比較安全，但其實那是錯覺。為了一條容易的路線而放棄攀登高峰，很顯然地，你在出發的時候已經失敗了，因為你將永遠無法超越自我。

甘乃迪在短短1000多天的總統任期內，招致了眾多批評，因為甘乃迪政府經歷了太多的失敗。某些學者指出，甘乃迪和國會之間的敵對情緒讓政策執行受阻，以致大多數法案不是胎死腹中，就是留待繼任者詹森來解決。多年之後，甘乃迪的魅力依然持續著，不管他帶來多少失敗，畢竟他曾經激勵了美國，並且仍舊影響著美國社會。他激勵人們渴望成功。我們不妨把這種激勵稱為「甘乃迪效應」，來形容一種取之不竭的能量，以及對英雄主義的永恒呼喚。

雄心與現實

甘乃迪關於登月的言論一出，震驚了美國國家太空總署（NASA）。1960年代末登上月球的目標對大多數人（包括很多專家）來說都無異於癡人說夢，但這的確是一個宏大的目標。1969年7月20日，阿波羅11號登上月球，這個日期比當年定下的期限提前了半年。

1961年，甘乃迪提出的目標似乎是不切實際。當時的輿論認為登月是一件不可能的任務，但結果讓輿論改變了當初的偏見。事實上，登月是美國歷史上最重要的目標之一，隨著計畫的進展，融入大膽的想像、勇敢的探索精神和輝煌的成就為一體，成為少有的傑作。

這種雄心壯志和現實成就的結合，正是我們在上一章提到過的「值得奮鬥的目標」的實質；崇高而現實，艱難而並非遙不可及。目標太過宏大易導致失敗、困惑和因此而來的消極感，但目標太過渺小卻無法產生足夠的激勵，只有「值得奮鬥的目標」才能帶來成功。

每個人都需要目標

只有少數人有設定目標的習慣，這並不是因為大多數人都懶惰或者缺少耐心，因為對他們來說，努力工作就是目標，而且堅信最後一定會有好的結果。

但什麼是「最後」？完成某項任務還是某一天、某一周、某個月或者是從職場上退休？什麼叫「好的結果」？似乎很難說出理想的定義，那為什麼還要滿足現狀？其實，這種想法不過是「當一天和尚敲一天鐘」，得過且過罷了。

無論是甘乃迪或者是足球教練肯定都明白一個道理：目標能夠讓人集中注意力，鼓舞人努力向前，發揮事半功倍的作用，因此這個目標理當能夠燃起鬥志、值得奮鬥並且可以實現。所以，任何人都需要目標，你也不例外。

什麼樣的目標

在第一章我們討論過，目標須盡可能具體化和精確化。例如：「我要增加多少營業額」，然後設定完成目標的時間和進度表：「我要在幾個星期之內增加多少營業額」。

你會發現，把目標拆分成具體步驟很有幫助。如果把目標化為目的地，那麼這些步驟就是指向目的地的路標。「要在幾個星期之內增加這麼多營業額，意味著這周要增加甲商品多少營業額，未來三周乙商品要增加多少營業額。」

大膽迎接挑戰

具體來說，目標必須是具備挑戰性的任務，督促自己努力、創新、冒險，惟有如此，你才能真正有所成就。如果設定的目標太低，是你肯定能夠做到，就失去任何意義。目標過高可能不會成功，但目標太低注定失敗，因為你一開始就喪失了努力、創新和冒險的勇氣，喪失了提升自己的機會。失去了勇氣和機會，你只能像往常一樣繼續碌碌無為，平凡度日。不經歷風雨，怎能見彩虹。

盡力而為

大膽迎接挑戰並非意味著目標定得越高越好。一旦你所定下的目標過高，應該適當調整。我們要做的，是在目標的指引下突破極限，而不是找一個根本不可能實現的目標自我打擊。一個好的目標應該讓你覺得困難重重，但不至於無從下手甚至絕望。目標太高和過低都無法讓你進步。

質與量相結合

任何情況下，設定的目標須有激勵作用。一個讓人根本提不起興趣或漠不關心的目標根本就不算是目標。具有吸引力的目標，才能誘使你奮鬥。雖然會遭遇困難，但它會是我們的力量之源，你越投入，就越能感覺到它的吸引力。

我們所談論的目標不應該是空中樓閣，而是可以經由某種方法達成。這就是為什麼需要用量化的方法將目標具體化。例如，「我要成為最好的營業員」遠不如「我要在幾個星期之內增加多少營業額」。目標量化能幫助你判斷當前的位置，了解為達到目標還要付出多少努力；目標質的描述則能讓你感到充滿靈感、能量和滿足。

超人永遠不會厭倦超級英雄這一事業。的確，他已經從事這一行70多個年頭了，不停地面對挑戰，達成任務。你也應該效法，要求自己不斷進步，保持充沛的精力和一觸即發的靈感。

超能力的源泉

從《動作漫畫》第一輯開始，超人便為自己定下目標：用他的巨大力量為全人類謀福祉。而辦公室超人在每天工作時也定下類似的目標：展現專長與優勢，達成任務。

為什麼說這兩個目標相似呢？

辦公室超人的目標利己利人，也就是說，達成任務能讓公司受益。不管是哪家公司，專長都是一筆最寶貴的財富。而超人之所以有益於人類，也就是因為他的超能力。

所以，超人和辦公室超人最關鍵的共同點為「優秀的能力」。

當超人和辦公室超人符合下面五個條件的時候，就可以說他們是優秀的：

1. 知道該做什麼；
2. 知道怎樣才能把事情做好；
3. 具備把事情做好的工具和技巧；
4. 能精確地評估自己的工作效率；
5. 能為自己正在做的和做過的事情負責。

該做什麼

人類面臨著一場前所未有的威脅：不知從哪裡來的一種奇怪的力量正殘忍地摧殘著我們的家園。為了把人類從恐慌中解救出來，超人挺身而出對抗那股邪惡的力量。

1941年12月，《超人》第13輯以這樣典型的開場與讀者見面。請注意這裡用的用語：「前所未有的威脅」、「奇怪的力量」、「不知從哪裡來的」、「殘忍地摧殘」和「世界性的恐慌」。從以上描述來看，恐慌和不知從何而來的破壞就是本輯故事所要解決的問題。

整個世界需要幫助，需要有人來告訴大家應該怎麼做，於是超人「挺身而出」。

就像超人所處的受到破壞的世界一樣，職場上有各種各樣亟待解決的問題：沒有頭緒的任務、未完成的工作、需要處理的難題等等。以上，辦公室超人都知道怎麼做，他出現的時候，總是能帶來解決方案，使問題迎刃而解。

如果你想成為辦公室超人，首先要確定自己知道該怎麼做，對手中和身邊的工作瞭如指掌，你只需要採取下列步驟：

- 多讀幾遍工作流程；
- 找到任何關於描述你職位的手冊，仔細閱讀；
- 找一位導師——經驗豐富的前輩，多請教，多觀察，多學習。

不要認為這很簡單。例如，你在一家生產電子零件的工廠上班，你的工作之一是填寫訂單。公司有兩種訂單：緊急訂單和普通訂單。你認為應該先填寫緊急訂單，所以竭盡全力在早上十點之前把訂單送出門。你幾乎把注意力全都放在緊急訂單上，所以在普通訂單和緊急訂單需要相同貨品的時候，你就不得不每天往庫房跑兩遍。結果就是這樣，誰叫你對緊急訂單太過關注，竟然完全忽略了普通訂單呢？

每天，你都犯同樣的錯誤。但事實上，送快遞的人每天下午兩點半才收緊急訂單，也就是說，你每天辛辛苦苦送出去的緊急訂單要在碼頭上等四個小時。

由於你並沒有花時間學習這項工作應該掌握的經驗，不知道下午兩點半緊急訂單才會發出，那麼你就可以用這四個小時檢視普通訂單，把兩種訂單中相同的貨品合併出貨，這樣你每天只要跑一次倉庫，既節省時間也提高工作效率。這個經驗並不需要你多麼聰明，也不需要你突發靈感，只要你熟悉每個工作環節。這是辦公室超人的第一個任務。

如何判斷是不是了解每個工作環節呢？請仔細閱讀下面這三個問題，如果你的回答都是肯定的，那麼可以說你對工作已經非常熟悉了。

1. 你知道什麼時候該做什麼嗎？
2. 你知道為什麼要這樣做嗎？
3. 你知道你的工作會怎樣影響別人嗎？

如何才能把事情做好

最早期的超人故事可能讓人瞠目結舌。1938年（超人故事誕生的那一年），超人收拾了一個暴虐的軍官，但超人並沒有把他移交給國際法庭，而是把這個軍官像「扔標槍」一樣丟出去摔死了。1939年，超人鑽進了一群壞蛋駕駛的飛機的螺旋槳裡，讓飛機墜毀，幾乎殺死了所有壞人。1940年，超人不假思索就把密謀顛覆政府的男子電刑處死。1941年，超人溺死了一群大力士，把首領扔到了自己射出的子彈前中彈而亡，另一個同夥被超人從摩天大樓的窗戶上推出去摔死。1942年，超人電死了自稱「閃電俠」的科學家，因為這個科學家非法利用閃電企圖達到個人的卑鄙目的。

吃驚吧！現在的超人愛好者看到上面這些殺戮情節肯定會感到不舒服，儘管他殺死的都是壞人。1943年以後超人改變了他的行事方式。超人在執行任務的時候開始避免不必要的殺生，即使是大壞蛋也沒有受到致命的傷害。從1938年的《動作漫畫》第一輯開始，超人就知道該怎麼做，但直到1943年超人才開始明白怎樣才能把事情做好。要做一個超級英雄，就應該既能完成任務，又能避免殺戮。

每個人的天賦和智力各異，但任何人都要經過學習才能知道怎樣做好一件事。每項工作都有學習曲線，這也就是說，做得越多越熟悉，超人的工作也是這樣。

對辦公室超人來說，他應該盡速讓自己進步。辦公室超人引以為豪的，不僅是他知道該怎麼做，更在於知道怎樣才能做好。

必要的工具

某些人認為，超人不過是有關超能力的故事罷了：飛行、力量、速度、堅韌或是其他一切匪夷所思的本領。1940年代後期，超人的創作者們開始為他們的超級英雄配備越來越多的工具。多年來，超人逐漸擁有無數這種自動化工具，像他在孤獨城堡家中的機器管家、機器人幫手、監聽中心，還有龐大的電腦系統、宇宙百科全書、輕裝潛水裝備、宇宙戰服等等，這些工具讓超人更好地保衛地球。

要想成為辦公室超人，你也應該具備一些必要的工具。準備一份備忘錄，寫下一些日常體會到的能讓你變得多產或者效率更高的辦法，把你的想法推薦給他人，讓整個公司從中受益。

或許你會發現，你需要的工具不只是一台新的電腦或者最新的會計系統。也許你真正需要的是更多的教育或在職訓練。如果是這樣，自己要找到解決辦法。很多公司最近都致力於提高員工的技能和專長，所以你可以努力說服公司，讓他們為你提供教育機會。這跟公司新買的電腦不同，這種工具的好處在於可以由你隨身「攜帶」。教育會增加你的人力資本，在以後的機會或者崗位上也同樣適用。

精確評估工作效果

超人是一個內心謙虛的傢伙，很少出風頭。《動作漫畫》第一輯裡，超人成功挽救了一個即將因冤案而受電刑的人，各大報紙爭相報導，當超人看到報上沒有提及他的名字，大大地鬆了一口氣。早在1942年，漫畫中就提過超人依山建造了一處住所，直到1958年，位於大山深處的孤獨城堡才真正成形與讀者見面。

孤獨城堡與人類的生活空間相距甚遠，但超人的名字卻人盡皆知。幾十年來，超人總是處在無窮無盡的讚譽和榮耀中，1940年代的廣播劇、1950年代的電視和電影，還有很多人專門為超人出書立傳。讓我們簡單回顧超人獲得的榮譽：1954年榮獲首都頒發傑出市民獎；1965年當選城市人物；1961年，超人獲得聯合國榮譽公民稱號，首都還為超人建立了塑像……的確，大家對超人的讚揚不勝枚舉，其中讓人印象最深刻的當數1962年《超人》第155輯中的紀念碑：一個遙遠星球上的居民為了感謝超人將他們從暴君手中拯救出來，將自己的星球變成超人頭像的模樣。

即使你非常擅長自己份內的工作，也不可能像超人那樣被人頌揚。精確評估工作效果和別人對此效果的接受程度同等重要。在評估過程中，你應該盡量保持客觀。不論是從銷售數字、某段時間內完成的工作，還是從下屬、同事、老闆或者客戶等人那裡得到回饋，都值得參考。徵求回饋意見的時候需要方法，以免招致批評和抱怨，或讓別人誤以為你在邀功。最好的辦法是讓問題具體化，不要問：「我做得怎麼樣」，換一種方式，「我準備的那份新版銷售數據對你有沒有幫助？跟以前的那份比怎麼樣？」當你得到回饋意見時，別忘了感謝對方。

為做過的事情負責

「無論何時，當超人想遠離人群時，他都會回到那座孤獨城堡裡去。」1960年2月《超人》第261輯如是說。超人表示：「孤獨城堡是全宇宙最隱蔽的地方。在那裡我可以好好地放鬆自己，完全不受干擾地工作。沒有人知道城堡的存在，也沒有人能闖進城堡。」

城堡確實是一個不錯的地方，裡面有超人所有的裝備，一些戰利品、紀念品，以及他的狗。這個地方也許會讓其他人產生放棄世間煩惱和責任的念頭，但是超人不會。超人充分利用城堡，但從來沒有用它來逃避責任。

想成為辦公室超人，千萬不要逃避責任，因為這是最糟糕的做法。要為你的工作而驕傲，有始有終。即使某項工作中途轉給別人，也要為以後的事宜負責。不要輕易地逃避或者放棄，確實完成任務，好好回答問題。

知道做什麼，知道怎麼做好，最後為自己所做的一切負責。對辦公室超人來說，一諾千金，承諾是對企業責任，對相關的人負責。

用業績說話

早期的超人在面對公眾時經常表現得不夠自信。作為一個「從外星來的奇怪客人」，超人曾經體會到被大家接納是多麼困難。例如，1938年11月出版的《超人》第六輯中，警方將超人描述成危險的「神秘人物」；1942年的故事裡，警方視超人為在逃嫌疑犯。超人始終沒有出面解釋，但是大約就在這時間，警方慢慢認識到超人並不是跟他們作對，相反地，超人總是幫助執法。從1942年中期開始，超人正式和警方、聯邦調查局以及其他司法力量合作，一般人也越來越信任超人。

超人的義舉為他贏得了信任。

辦公室超人同樣要靠業績說話。但這還不夠，辦公室超人需要靠業績來為自己宣傳。

想找一份更好的工作？也許最適合你的下一份工作不在對街或者其他地方，反而是在現在的公司裡。

尋找工作上的良師

如果你會賣東西，你就是一個好的銷售員；如果你能創造客戶的需求，你會是一個偉大的銷售員。偉大的銷售員不是賣完東西、拿了錢就跑，他們能讓客戶滿意，增加客戶的忠誠度，為公司盈利。他們總是放長線釣大魚，因為他們明白最好的客戶就是現有的客戶。他們明白現在的客戶需要什麼，現在的客戶也明白他們能提供高質量的產品和服務。關注客戶的需求是他們成功的秘訣，與客戶維持長期良好關係就是公司最好的廣告。

職場發展也是如此。最好的機會經常就在你身邊，只要你表現得夠好，就會替自己贏得機會。

人們經常談論在組織內的「晉職」，但往往升官的並不是你。也許攀登事業高峰的最有效途徑是找一個導師，一個在組織內部能夠幫助你、指引你的人，他會讓你成功實現目標。

工作上的良師一定要是你能接觸到的人，並且在你感興趣的領域或者適合你的領域有足夠的經驗，同時還要樂意與你一起工作。最後也是最重要的一點是，他應該有提拔你的能力。就像你職場成長的最好機會往往在目前的公司一樣，最佳的良師往往就是你現在的老闆。

提出升職要求

向你的導師多多學習，學習的過程也是展現自我的過程。好好利用學習機會來呈現自我優秀的一面。如果你表現一直很好，不妨跟你的導師也就是你的主管討論一下是否可以增加你目前的職責，讓你升職。

主動跟主管提出，但要注意談話的時間和方式。別一味提出自己的需求（例如我需要更多的錢），多多站在公司、部門、老闆的角度想，你能做些什麼。如果你能讓老闆覺得給你升職對他有利，一切將水到渠成。

用事實說話

你可以用強壯、勇敢、聰明、足智多謀、忠誠、誠實、迅速、無私、強大、超級英勇等形容詞來描繪超人，但長約70年的超人故事並非只是建立在這一長串抽象的形容詞之上，而是建立在故事豐富、角色互動頻繁之上。超人可以穿過一堵結實的鋼牆而毫髮無損，這比「超能力」這個詞要有說服力；超人能用一隻手將小汽車舉過頭頂，也比「強壯」這個詞有力得多。

因此，即使你的老闆願意指導你，也不要指望他會把你的各項長才看在眼裡。在坐下來討論升職之前，一定要把你對公司的貢獻列舉出來，盡量少說些空話。畢竟事實勝於雄辯。盡量用數字和結果來證明你的出色，最好用「金錢」來表達結果——你為公司賺了多少錢，省了多少錢。錢是商業語言，辦公室超人必須熟練掌握這門語言才能左右逢源。

創造機會

大家都明白，我們需要努力工作，從公司基層逐漸往上提升。大多數時候，機會並不等人，反而需要人來創造。辦公室超人需要有創造性，甚至可以在原本不存在的位置上創造出屬於自己的職位。這是一項巨大的挑戰，但同時也是最有意思、最能帶來成就感的創舉。

首先，了解你的部門或公司是如何運作的，這有時需要和其他部門或公司作比較。有了這些背景知識後，假想自己是公司聘用的顧問。告訴虛擬顧問，增加新職位以後，部門或者公司的運作為什麼能變得更好。下一步設計出你的推薦計畫，然後思考需要哪些事實或數據來支持你的觀點。最後，把這些場景結合事實和數據，把自己在目前工作上的表現展示給老闆，讓他覺得你是這個新職位的最佳人選。

當你向老闆推薦這個新職位的時候，避免把你的建議說成是公司制度設計上的缺陷或者遺漏，要把重點放在強調你對部門的貢獻。

超人可以展現出讓人羨慕的力量、速度和膽識。相類似的，辦公室超人的工作表現也極重要，他應該知道做什麼，怎樣把事情做好。但這還不夠，辦公室超人還要謀求職場上的發展。如果你工作的表現優秀到足以升官晉職，那就提出來吧。

CHAPTER 6

關於肢體語言

克拉克·肯特（當時他還不是超人）在《超人》漫畫第一輯裡學到了生命中重要的第一課。他的養父說：「聽我說！克拉克，你身上巨大的力量會把人們嚇到，你應該學會隱藏它。」

如同我們大多數人一樣，克拉克·肯特從小就了解適應環境的重要性。不同的是，克拉克的適應充滿了戲劇性，終其一生，超人都以「鋼鐵超人」和性情溫和的記者雙重身分生活著。

超人所處的社會滋生著犯罪、暴政和腐敗，超人沒有絲毫猶豫，勇敢地打擊罪惡。雖然平日他以記者的身分生活，用克拉克的名義在人群中穿梭，但是他從來沒有忘記過自己的真實身分，在需要正義的時候化身為超人。當我們靜下來思考這些事情，就會發現克拉克並沒有沾染任何惡習。在內心最深處，他還是一個外星人，一個「外星上的奇異來客」，但他被地球人養育長大，之後努力工作。他成為社會上的精英、成為英雄，為事實和真理而奮鬥，為美國精神而戰。

辦公室的發言權，事業上的成功，然後晉身辦公室超人，這完全取決於你對環境的適應程度以及你有多出色。不管在任何公司，與眾不同的人太過於稜角分明、好出風頭，總是常被疏遠，而因循守舊者永遠不會進步。因此，成為辦公室超人關鍵之一是如何在適應環境和與眾不同之間取得平衡。

剖析失敗的超人

超人動作漫畫第254輯中，超人的死敵、喪心病狂的科學家萊克斯．盧瑟（Lex Luthor）發明了一種用來複製超人的「複製光線」，得到了被他稱為「皮薩羅」（Bizarro）的怪胎。盧瑟稱皮薩羅「非人、非生物，更非動物」。皮薩羅由沒有生命的物質轉化而來，卻擁有超人的力量和超能力，甚至超人的記憶。他的皮膚像粉筆一樣白，面部稜角分明，像用岩石雕刻出來的一樣。超人烏黑的頭髮總是整整齊齊的，即使在搏鬥或者飛行時也顯得很有型；而皮薩羅的頭髮看上去總是像拖把一樣髒亂而沒有光澤。雖然皮薩羅有超人的能力，但顯然他沒有超人的頭腦，加上他不時說出一些根本不合語法的話，更凸顯了他反應的遲鈍。一個有著超能力的人居然這麼笨，真是絕妙的諷刺。

為什麼皮薩羅是一個失敗的超人複製品，那就是皮薩羅的不均衡。皮薩羅的裝扮和外表極其怪異，表達能力拙劣，因此即便他有超人的能力，也無法像超人那樣成為傳奇人物。超人的成功不僅得益於超能力，還包括優雅的談吐、機敏的智慧；超人既能夠和周圍的人和睦相處，又能夠做到出類拔萃。這些都是皮薩羅永遠無法做到的，皮薩羅能吸引人們的僅僅是他的荒誕和愚蠢罷了。

達到平衡

在工作中要達到平衡，我們需要注意兩點：

1. 作為一般人，我們要怎樣讓別人接受；

2. 作為一個生意人，我們要怎樣讓別人接受。

想做到第二點，第一點是前提。我們就從這裡開始談下去。

語言與表達

超人的眼睛既可以遠視千里之外，也可以近看極細微處，還可以進行X光透視，可以說是世界上最神通廣大的眼睛。人類的眼睛自然相形見絀，但不能否認的是，人類是視覺生物。在我們每個人的大腦中，負責處理視覺訊息的大腦皮層比處理其他感覺訊息的皮層大得多。也就是說，在我們說話之前，例如向別人做自我介紹的時候，我們已經在腦海中形成了一個視覺印象。

1971年，心理學家阿爾伯特・莫赫拉比（Albert Mehrabian）在他出版的經典名著中，分析說明為什麼有些人的說服能力較強。這本著作為我們剛才的判斷提供了量化證明。他在書中指出，好的說客可以透過面部表情和肢體語言完成55%的工作，聲音只占了38%的比率，而說話內容僅僅對說服效果有7%的幫助。

如果你想成為辦公室超人，先從強化自己語言之外的能力著手吧。

昂首闊步

身材高大的人天生有讓人信服的權威氣質。當然，不要用拿破崙這樣的特例來駁斥這個觀點。

或許你會覺得這個想法淺薄，甚至不公平。沒錯，是不公平，但事實就是這樣。因此平常要抬頭挺胸，注意衣著，讓自己的形象高大。避免穿那些盒子似的西裝或者滿是褶的衣服，也不要穿過於寬鬆肥大的褲子，至於鞋子，鞋底則要稍厚一點。

如果你不相信這樣可以變得高大，不妨隨便拿一本超人漫畫來證實一下。超人高6尺3吋，當他出現的時候，經常雙手扠腰，挺胸抬頭，看上去自信滿滿；再看看克拉克・肯特，他要麼靠在桌子旁，就是彎著腰，好像一副預備參加賽跑的樣子，很少站得直挺。讀者應該注意到，超人和克拉克同是一個人，雖然克拉克的站姿並不影響他的溫順形象，也沒有讓他顯得猥瑣，但畢竟不如超人的形象高大，讓人印象深刻。

我們會在本書第十六章專門討論服飾的問題，但比服飾更重要的是走路的姿勢。隨時提醒自己要抬頭挺胸、昂首闊步，看上去精神抖擻，就像要去參加重要會議一樣。

但是，看上去有目標和不苟言笑扮酷是不同的。走路的時候挺胸抬頭、精神勃勃，但也別忘了面帶微笑。微笑也是一門藝術。你可以想一些高興的事情，例如喜歡的人、幸福的回憶、快樂的時光或者美麗的風景，讓微笑自然流露出來，不要笑得太僵硬。

如果你皺著眉頭，全世界都不會理你，也不會有人在意你說了什麼。保持微笑，人們就會樂意跟你交往。

眼神交流

在你打算直視超人的眼睛之前一定要仔細考慮，因為超人的眼睛可以看穿一切，可以進行熱穿透，成為融化物體和點火的武器。有人說，他那雙具穿透性的藍眼睛是世界上獨一無二的，眼神裡充滿了絕對的誠實和真誠，以至於讓人覺得有些惶恐不安。但對我們一般人來說，有效的肢體語言最重要一步就是眼神的交流。

嚴厲的父親可能對犯錯的孩子說：「看著我的眼睛，告訴我發生了什麼。」因為說謊的人眼神會變得游離不定。如果想讓別人相信你的坦誠和誠實，那麼說話時一定要看著對方的眼睛。

雖然我們沒有一雙可以放出X射線的眼睛，但是我們的眼睛有著另一種超能力：傳遞能量。大家一定聽過「眼睛閃爍著光芒」這樣的形容詞，事實上，人的眼睛都能閃爍出光芒（從生理的角度來講確實如此），但卻很少有人注意到，因為我們很少有完全的眼神接觸。如果你能夠用眼神來向別人表達你洋溢的熱情，效果一定會非常好。

有時超人現身的時候，不需要使用超能力就有一種自然的震懾力讓敵人屈服，這一點也不奇怪。難道你不想擁有超人的這種震懾力嗎？或許你真的可以做到呢。

眼神的交流很多時候能發揮奇妙的作用，但有時候問題也不是那麼簡單。例如，每個辦公室或多或少都存在著「辦公室政治」。辦公室政治大多透過強制或者專制來實現，換句話說，就是以強凌弱。因此，當有人在辦公室裡用眼神威脅你的時候，不要直視他的雙眼。你可以把視線稍稍放高一點，看著他的眉毛。這個細微的表情會讓他明白，你不是好欺負的。

握手的學問

超人的忠實讀者把有關超級英雄的藝術和文學發展畫分為三個階段：1938年到1961的黃金時代、1962年到1970年代的白銀時代，以及1975年至今的現代。每個階段都有不同的藝術和文學表達手法。

現在的超人形象異常精美，融合了當代電腦繪圖、日本漫畫和其他美學及流行文化等因素。但大多數超人迷都對黃金時代的超人有一份微妙的感情，在那個年代，藝術簡單、原始、天真，但卻有著無法抵擋的魅力。

在超人的黃金時代，人們可以大聲說「公平、正義和美國精神」，不必擔心受到諷刺或被認為媚俗。那時，父親總是不厭其煩地教育孩子們擦鞋和熱情握手的重要性，似乎這些事情攸關商業成功。那個年代的觀念過時了嗎？還是太簡單、太幼稚了呢？

靜下來想一想。在你這麼多年的生意往來中，哪一次的握手讓你印象深刻？那次握手是什麼讓你如此難忘？是因為特別的溫暖有力，還是因為冰冷呆板？不管答案是何者，畢竟已留下深刻的印象。那種印象帶來的感覺也許不會終生難忘，但至少在你們從握手開始的接觸過程中，你會一直記得。

握手不是魔法，而是人性。無需言語，握手就能為之後的談話奠定基礎。溫暖、真誠和坦然的握手令人難忘，下面這段話或許對你會有所幫助：

- 手要擦乾。沒有人喜歡濕漉漉的手。見面以前，如果必要的話可以用一塊手帕或紙巾把手擦乾。
- 要完全握住對方的手，尤其是手掌，不要只是抓著手指。
- 握手的力度要適中、體貼，讓對方感受到你的積極、熱情和適度的力量。沒人希望握手的時候被握到骨頭發痛，也不喜歡沒有感情的握手，像握著條死魚一樣。
- 握手的時間要適當，例如一秒鐘，同時熱情地問候對方，寒暄之後再把手放開。這樣對方才會集中注意力。同時，保持眼神交流，面帶笑容。

呼吸訓練

呼吸的意義不僅僅在於生存。對於超人來說，他可以用呼吸做很多事情，例如在風暴造成災害之前把它吹走，撲滅大火，甚至把敵人凍起來。一般人可以從呼吸這種本能中發現並學到一些有用的技巧。

「輕鬆地呼吸」並不是那麼簡單。激動或者害怕的時候，我們經常會呼吸急促，「上氣不接下氣」。呼吸可以反映人們細微的情緒，周圍的人會根據呼吸對我們作出判斷，這也是呼吸重要的原因。

著急的時候，我們的呼吸會變得短促、淺而快，別人就可以觀察得知我們的焦慮。緊張焦慮和呼吸急促之間是惡性循環。

學習控制呼吸，盡量不讓焦慮流露出來，避免更加焦慮。例如在重要的約會或者溝通之前，別急於開始。講話之前，趁著別人不注意時做幾次深呼吸，或者在你感覺呼吸急促的時候，深呼吸讓情緒放鬆。

小結

一旦你明白肢體語言在溝通中的重要性，你就可以把我們以上談到的幾點綜合起來。不管你處在什麼職位，將有助於你和身邊的人和睦相處。

沒有人喜歡和總是精神緊張的人共事，因為緊張會傳染，會讓所有人都不舒服。相反地，大家都喜歡沒有拘束、輕鬆的氣氛。眼神接觸就是一種很好的方式，可以在溝通中讓對方感覺到：你對他們感興趣。如果你理解對方的話語並且表示贊同，那麼請不要吝惜你的微笑和點頭。坐姿端正但不可呆板，也不能顯得心神不寧，同時盡量讓上身朝對方稍稍傾斜，這不僅表示你對主題投入高度興趣，也表明你積極傾聽的態度。

很多人在溝通的時候都不知道手該怎麼擺放。其實手勢是很正常、很自然，也很人性化的表達方式。雙手不要離開臉部或頭部太遠，否則只能說明你非常緊張、沒有把握或者是在欺騙別人。用手勢配合談話，手要攤開，手掌向上，來顯示接受他人需求與想法的誠意。

如果你對別人的想法或建議萬分激動，也可以透過摩拳擦掌來表明你的期望。但記住不要經常這樣做，因為看上去就像戲劇中帶著黑帽子的壞蛋，讓人覺得你不懷好意。注意雙手不要太用力，當雙手用力地握在一起是極度緊張和抑鬱的象徵。

注意你的肢體語言

肢體語言的功能強而有力，但有時候不恰當的肢體語言會帶來負面影響。作為辦公室超人，下面這些動作千萬要避免：

- 進門的時候躡手躡腳，偷偷摸摸；
- 走路的時候習慣性低著頭，碰到熟人或同事也很少正視；
- 握手時沒有誠意，不是態度冷淡，就是面無表情；
- 坐立不安或者心不在焉；
- 經常唉聲嘆氣，讓周圍的人覺得這個傢伙總是處於絕望的狀態；
- 大庭廣眾之下無聊地打哈欠；
- 習慣在碰到困難就抓耳撓腮；
- 焦慮的時候咬嘴唇；
- 困惑或者不耐煩的時候抓後腦勺或者後背；
- 眯著眼睛，好像在表示不滿、不同意或者憤怒；
- 像笨蛋一樣斜著眼睛；
- 跟對方說話的時候眉毛向上揚，這樣會讓對方覺得你不信任他們；
- 透過眼鏡上方看人，這不僅會讓人覺得你不信任他們，甚至覺得你蔑視他們；
- 在胸前交叉著雙臂，看上去一副目中無人或妄自尊大的樣子；
- 揉眼睛、摸鼻子或者抓耳朵，這些動作都像是在表達某種懷疑。

蝙蝠俠和超人

我們已經談到了平衡所需要注意的第一點：讓自己成為一個被別人接受的人。接下來，我們要討論如何讓自己成為一個被別人接受的生意人。

超人出現在1938年。超人的成功直接促成了幾年後蝙蝠俠的誕生。這兩本漫畫書的主角有什麼異同呢？超人生動活潑，像他的紅黃藍三色服飾一樣；蝙蝠俠的色調明顯黯淡，不管是他的蝙蝠裝還是他那著名的面具都是黑色的。就嚴格的文學意義上說，蝙蝠俠的確比超人更有趣，因為蝙蝠俠行蹤詭秘，不像超人那樣透明。

雖然如此，蝙蝠俠的知名度和地位都不如超人。超人居住的城市可以為超人立碑，蝙蝠俠就做不到這一點。兩者都是流行文化的代表，但只有超人才是真正的偶像。

蝙蝠俠和超人最大的區別在於：我們從不會認為我們完全了解蝙蝠俠，更不明白蝙蝠俠在人類社會處在什麼位置。和超人相比，蝙蝠俠從來沒有像超人那樣徹底地「入世」。

當然不可否認的，蝙蝠俠也是一個非常成功的超級英雄，他的出現僅僅比超人晚了一年，而且多年來人們對蝙蝠俠的熱情不減，關於蝙蝠俠的無數漫畫書和影視劇作就證實了這一點。

但，你喜歡哪一個做你的同事呢？

辦公室超人不能像蝙蝠俠一樣特立獨行，他必須全心全意投入工作中。就像你知道的，全心全意投入也需要平衡。「投入」並非意味著要一古腦地拋棄所有和你相關的計畫、項目或想法，不代表你不能說不，也不是說你得像政客一樣附庸他人的觀點。辦公室超人在某些事情上也可能提出不同意見或解決方案，但他必須明白，意見的前提是他以公司利益為重。

一旦涉及公司的利益，辦公室超人就應該放棄爭議。如果你發現你總是和同事意見相左，一定要檢討自己是不是真的以大局為重。如果是，你就要盡全力讓同事看到你想法的正面意義；但如果你只是以自我利益或小團體利益為著眼點，那或許你該考慮另謀高就了。

認清老闆

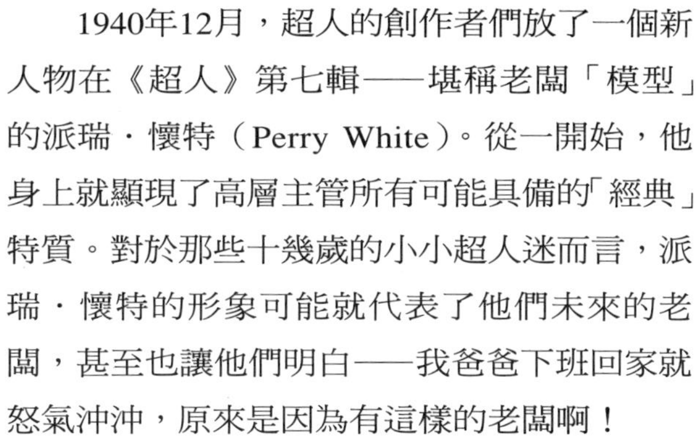

1940年12月，超人的創作者們放了一個新人物在《超人》第七輯——堪稱老闆「模型」的派瑞・懷特（Perry White）。從一開始，他身上就顯現了高層主管所有可能具備的「經典」特質。對於那些十幾歲的小小超人迷而言，派瑞・懷特的形象可能就代表了他們未來的老闆，甚至也讓他們明白——我爸爸下班回家就怒氣沖沖，原來是因為有這樣的老闆啊！

不論其好壞，派瑞・懷特就是老闆。讓我們先來看看他的員工們——克拉克・肯特、露薏絲・連恩以及吉米・奧爾森三人對他壞的一面的評價。

在1978年出版的權威性著作《超人大全》（*The Great Superman Book*）一書中，作者引用《動作漫畫》第302輯（1963年7月）中「粗魯」一詞來描述派瑞・懷特。這個形容詞可能是描述這位《星球日報》總編的最佳詞語。當然，在《動作漫畫》和《超人》裡我們還能用如「無情的」、「暴躁的」、「凶狠的」等等貼切的形容詞。而約翰・漢密爾頓（John Hamilton）在1950年代播出的電視劇《超人歷險記》中扮演的派瑞・懷特也十分傳神，在劇中，懷特不是衝著克拉克或露薏絲嚷嚷，就是衝著吉米大吼：「別叫我『頭兒』！」

如果說「粗魯」這個詞描述了派瑞・懷特身為老闆「惡」的一面，同時它也暗示了其「善」的一面。「粗魯」隱含著「率直」，也暗示著「嚴厲」，但完全不同於「卑鄙」、「下流」或「殘酷成性」。派瑞・懷特的脾氣是出了名的，在數不勝數的《超人》故事中經常提到，包括在《氪殘留物之謎》這一輯裡，懷特在紙上潦草地記下兩欄對露薏絲・連恩的評價。

在題為「留下她（嗎？）」的一欄中，他寫下：

1. 最佳作者
2. 好記者
3. 三次普利茲獎提名
4. 執著堅持
5. 她沒有別的好去處啦

而在題為「解雇她」的一欄，他寫著：

1. 不懂規矩
2. 不聽勸告
3. 17樁訴訟
4. 堅持己見

他還沒寫完，吉米就探頭進來，說：「頭兒？線上有您的電話⋯⋯」不料犯了忌諱，引來懷特那著名的吼叫：「別叫我『頭兒』！」吉米只好從他的辦公室溜走，這時露薏絲問了吉米一個問題，而吉米只能摀著耳朵：「腦袋嗡嗡響啊……聽不見啊……等等……掏耳朵……」

我們都知道，有些人會以粗魯的形象示人，以掩蓋其個性中溫和、感性且具關懷的一面。派瑞・懷特的粗魯正是他率直幹練風格的一部分，他以自己的方式實踐著和超人一樣的事業：捍衛真理、正義和美國理想。他致力於追求高品質的新聞報導，這不僅僅要求細心、誠實和富有洞察力，也要求他敏感、充滿同情心和體貼善解人意。

不如懷特那樣完美

粗魯的派瑞・懷特是個不好對付的老闆，他的存在令人生畏，然而他也激勵著自己的員工不斷進步。一些人效力於「好」老闆，他們體貼並理解下屬的苦衷；而另一些人的老闆則是凶惡冷酷的笨蛋。然而，如果我們都能為派瑞・懷特工作，那真是謝天謝地。他的確粗魯，缺乏耐心，難以相處，可是他同時也激勵著記者們盡自己所能完成優秀的報導，並且百分之百地支持他們的努力。

我們要是都有這樣的運氣就好了，偏偏這樣的老闆不多。

現代管理理論都致力於研究如何重新定義老闆的角色。他們應該是「引導者」，應該為他人能夠順利工作創造條件。根據這樣的理論，現代工作環境應該由知識資源主導，而不是物質資源。傳統上，老闆擁有所有物質資源的控制權。然而如今，知識乃最重要的資源廣泛分布在每個員工身上。這種理論要求老闆須協調組織中各成員的工作，而不是要求他們機械式地執行命令。

至少理論上是這樣的。

派瑞・懷特所處的時代觀念認為領導應該是企業中的大人物；而現在的管理人員則處於夾縫之間，一方面倡導上下級合作的理論，另一方面卻必須面對現實中激勵、推進和完成總體產出目標的需要。結果導致了許多老闆不如派瑞・懷特那麼完美。他們的粗魯外表下未必隱藏一顆金子般的心靈，他們會盡力壓榨你，但不一定願意幫助你不斷進步。

不管你老闆屬於哪一類，你都必須與他們打交道，顧及他們的情緒。應對你的老闆，這就是你的重要工作。

建立尊敬

不管是克拉克、露薏絲還是永遠的菜鳥吉米，都不會貿然拍懷特的馬屁。謝謝，他就是不吃這一套！

但請注意，你的老闆不是派瑞・懷特，靠拍馬是不能取代認真工作的。讓你的老闆自我感覺良好，確實也很重要。

一開始，試著讓老闆對你產生好印象。不管怎麼說，他每天都要靠你完成工作，甚至把你看成開國元老。無論是哪種情形，你都是老闆必須接受的一部分，因此有必要讓他對你有好印象。為達到這個目的，最好的辦法就是表現傑出，讓你每天的績效稱得上「辦公室超人」的美譽。

不止如此，你應該用充滿自信的方式對待自己和工作。跟老闆交談時，降低自己的音調，因為低音調比高音調更有助於傳遞沉穩自信的感覺。

在上一章，我們提到良好的呼吸節奏有助於增強說服力，而充滿焦慮的呼吸聲則會減弱說服力。與此相同，焦慮的情緒對你的嗓音也會產生影響。如果聲音中充滿畏懼，別人馬上就會聽出來。乾癟無力，緊張顫抖，飄浮尖銳——這

派瑞·懷特

初次登場：《超人》第7輯，1940年11月。

全　　名：派瑞·傑羅米·懷特

派瑞·懷特在華盛頓臭名昭彰的貧民區長大，（根據一些敘述）他還與萊克斯·盧瑟（Lex Luthor）有過童年交情。

早期的超人故事幾乎沒怎麼介紹派瑞·懷特的背景，而根據現在已有的情節，懷特早在10歲時就開始當印刷工人。在撈到第一桶金後，20歲出頭的萊克斯·盧瑟買下了派瑞工作的這家報紙，並將懷特派遣到國外當通訊員。隨後，盧瑟趁機勾引了派瑞的女友。從國外回來後，懷特與已經懷孕的女友結婚，妻子生下了盧瑟的私生子，兩人給孩子取名為傑瑞。與此同時，某個財團從萊克斯·盧瑟手中買下了報紙，條件是必須任命派瑞·懷特為總編。懷特後來雇用了露薏絲·連恩和克拉克·肯特。

派瑞·懷特是一個偉大的人物。他經歷了許多考驗，包括他兒子傑瑞的死亡，自己與肺癌抗爭。他曾在華盛頓大學教授過新聞學，但很快又回到了《星球日報》。

樣的嗓音完全不具有說服力。然而，試圖壓制你的焦慮於事無補。「粗魯」和「強橫」的老闆確實令人生畏，但是如果你能夠壓低自己的聲調，同時放慢速度，字正腔圓地說出每個字，就能有效地掩蓋焦慮的情緒，不會讓它經由聲音流露出來。咬字清晰，呼吸自然。即使你仍然心懷畏懼，但看起來卻鎮定自若。

交談中最容易產生自信的姿勢是站立。如果你需要向老闆報告一些重要事務，盡量站著告訴他。傳達重要訊息時採取站姿，是永遠不變的法則。

別忽略了肢體語言在溝通中的作用。你的老闆在公司裡的級別比你高，但所謂的尊卑主次關係也就僅限於此。你們兩人都是成人，所以請用成人的態度來對待自己。注意目光交流，利用手勢強調重點，但不要以手掩面，特別不要用手蓋住嘴巴，也不要把手插在口袋裡。站立時不要總是搓手，也不要晃動身體。

把握時機

西格爾和舒斯特曾經是電影迷，他們坦承在構思超人時借鑒了許多前人影片的經驗，尤其是「時機」這個的概念。超人不單是拯救民眾，還能救人於千鈞一髮之際。任何冒險故事都需要這樣的元素來製造扣人心弦的效果。

「辦公室超人」同樣需要完美地掌控時機：他會致力於掌握辦公環境和過程中的「節奏」；他懂得與老闆溝通的時機有「有利」和「不利」之分，並懂得利用有利的時機，避免不利的時機。

每一個辦公環境都各有特色，但整體來講，周一不適合提出非緊急的事務，不如把它們延到周二再說；別在午飯或下班前纏著老闆不放；也別在周末來臨或老闆即將度假之時提出潛在的不利因素，要善於「見風使舵」；明知老闆很忙，不要勉強找他談事情。總之，善用有利時機，而不是受困於不利時機。

就會談本身而言，要做到「禮尚往來」。在你跟老闆交談時，要抓住磋商的精髓——互有所求，互有付出。當你向老闆提出要求時，不要像街頭乞丐一樣兩手空空；相反地，要以商業人概念對待他，在提出請求的同時也承諾付出對等價值作為交換。

在提要求時千萬不要腦海空白，要事先計畫好談話的要點。你可以用書面提綱來幫助自己演練。你的請求得到成功不是沒有希望，但一定要有充分的準備。

對症下藥

現在，對於如何使老闆對你產生好感，或許你已胸有成竹，下一步則需要把關注的焦點從自己轉移到他身上。他的需求是什麼？你應該向他匯報什麼樣的好(同時也是真實的)消息？哪些事務是可以提出的？哪些問題是你能夠獨立解決的？

「超人」一詞往往給人「無所不能」的聯想。他代表的不是極限，而是可能性。可能性是大家都樂於聽到的話題，而極限則必然令人厭惡。因此，不要讓你的談話充滿限制、挫折、重大錯誤等字眼。不要粉飾太平，掩飾問題的存在，向老闆匯報時，一定要指出問題中可能潛在的機遇。盡可能用積極主動的詞語來表達。

非懷特型老闆

大多數老闆通常都能以理智的方式處理問題。拋開才能因素不談，至少他們都希望做對公司有益的事，你也是公司的一員，因此他們的所作所為至少從動機上看是對你有益的。儘管如此，沒有一個老闆會時時刻刻保持理智，一旦壓力過大，他們都可能爆發出毀滅性的舉動。就我個人與老闆相處的經驗而言，他們至少可分為以下六種類型：

1. **暴君**。「權力導致腐敗，絕對的權力導致絕對的腐敗。」你一定對此名言耳熟能詳。事實上，位高權重者大都是暴君。

「暴君」工作的方式是將下屬當成兒童看待，認為下屬是卑微而沒有決策能力的小人物，因此需要完全依賴「家長」。「暴君」總是喜歡發表意見，經常用「你最好」、「你務必」、「專心點」這樣的字眼來進行威脅，讓你感到心生惶恐、缺乏自信和低人一等。

超人經常會與暴君較量，也總是保持上風，因為對他來說，暴君都認為自己很強大，但超人知道，真正強大的是他自己。

你或許不認為自己比老闆還要強大，但是你可以換一個角度思考與他的關係。老闆究竟能把你怎麼樣？這個經理有權力解雇你嗎？如果有，他是否解雇過許多人？很多時候，所謂的「暴君」只不過是雷聲大雨點小罷了。這需要你對現狀作出正確的評估。

下一步是如何善用你所擁有的力量。例如，你可以收集老闆的一些豐功偉業，並表示佩服。徵求他的意見，請他花時間指導你，將暴君式的老闆轉化為你的導師。

2. **受氣包**。「受氣包」與「暴君」是一體兩面。他總是努力證明，他的不愉快通常是由於你「不願意多加努力」。受氣包不會主動要求你加班，但他會在下午五點半的時候虛弱地看你一眼，說：「噢，別加班啊，你還有更重要的事情呢，雖然我的家人已經習慣我加班了。」

鮮少有人能在與受氣包型老闆交談後還心存愉快，若老闆對你提出無理的加班要求，你可以用合理的理由加以拒絕：「我很樂意改天休假，可是我預約了看醫生。」萬一，那些合理的理由用完了，那麼，請實話實說。

3. **指責者**。我們經常會因為別人的錯誤而受到指責。不要急於為自己辯解。沒錯，你是應該盡力闡明自己沒有過錯，但也應該幫助別人解決問題。你沒有過錯，這並不意味著你不能提出辦法解決問題。

如果你必須和一個慣於指責他人的老闆共事，你就會發現情勢變得複雜起來。深吸一口氣，在搞清楚問題的始末之前，不要急於辯白。事實證明，你可以將老闆的注意力轉移到問題的癥結，不僅證明你的清白，還有機會開始解決問題。

對抗指責者最強而有力的武器是你樂意承擔責任的態度──注意是責任而不是指責。一定要表明：雖然目前的問題不是你的錯，但是你一樣會負起責任，解決問題。

4. **妄想者**。有些老闆過份迷信靈感的力量，不幸的是，這意味著你可能會被老闆突發奇想產生的想法所左右。

通常他會這樣開頭：「在來上班的路上，我突然想到……」

很自然，你不能也不應該逃避老闆的每一個點子，然而如果你的老闆沉迷於蹩腳的「靈感」，你有責任將他拉回到現實中來。「這怎麼可能實現呢！」只會造成敵意和固執的對峙。事實上，最好是不要發表任何評判性意見。改以「我是否應該放下A和B來立刻處理這件事？」讓他的注意力回到日常工作程序來。如果你的部門在新想法、概念等方面有成文的規定程序，不妨利用這些程序讓他有時間思考和反思。如果他的「靈感」歷經這些過程還依然強烈如初，那麼或許它會成為一個好點子。

對付突發奇想的老闆，還有一種方法十分有效，那就是拖時間。你可以說：「能給我些時間考慮這個建議嗎？我可能還有很多問題向你請教呢。」這樣一來，你就有時間可以仔細思考這件事，而不是一開始就上了「賊船」。

5. **裝模作樣者**。暴君令人生畏，受氣包使人抑鬱，指責者令人憎恨，妄想者讓人事倍功半，而裝模作樣者——能力不足的主管或老闆——會造成長期混亂。你應該努力確認他的指令，改正他的錯誤，並透過這些努力改善狀況。不要讓他用口頭方式發布命令，須使用電子郵件，或書面備忘錄。無論如何，要盡可能教育和幫助你的老闆，讓他變得更有競爭力。

6. **火藥桶**。有些老闆會不定期情緒爆發。火藥桶型的老闆，肯定既不善於管理，也不善於溝通。當你發現自己處於火山爆發的「危險區域」時，一定要徹底思考，老闆為何破口大罵？如果你確信自己的事業就要完蛋了，那還是盡早另謀高就；而如果老闆只是一時情緒激動，你應該適當地處理。

用軟木塞堵住火山口，顯然是愚蠢的做法。當人情緒激動時就應該讓感情的「岩漿」流淌。仔細傾聽他的長篇大論，同時保持目光接觸，就像平日的對話一樣。當他怒氣宣泄之後，你終於可以插話時，請提醒他注意保持冷靜。向他建議一些發脾氣以外的解決方案：「也難怪你生氣，但是我需要和你進一步討論這個問題。你覺得我是稍後再來呢，還是現在就坐下來談？」

提供意見，提供可以替代情感宣泄的解決之道。不要一味屈從於咒罵，也不要以牙還牙地展開「對攻」。互相破口大罵，雙方都無法傾聽對方的意見。

往好處想

不是每一個人都有幸做派瑞・懷特的手下，然而不論有什麼樣的缺點，老闆都是人，這就足以讓我們對其寄以希望了。

為了讓你對老闆的希望變成現實，第一步是建立良好互動。你必須能虛心接受批評和指責，同樣地，你也得學會受表揚。許多人都不善於處理別人的誇獎，恰當地接受他人恭維不能只是沾沾自喜，更得讓你的老闆認為自己的褒揚實至名歸，並為此感到欣慰。

接受讚揚的規則很簡單。首先，要表示感謝。其次，要面露喜悅之情：「你對這個計畫滿意，我真是太高興了！」第三，利用這個機會表達你對老闆的敬佩和仰慕之情：「你的贊許對我意義重大！」第四，與其他應該得到誇獎的人分享，你可以說：「彼得和薩莎給我許多建議，他們的幫助很大。」或者乾脆說：「是你給了我做這些嘗試的靈感！」

大膽自我推銷

超人隱身於克拉克·肯特的身分之下，離群索居，顯然不會自我吹捧。然而他不是怕事的人，更不會小家子氣地逃避他人的誇獎。相反地，他總是大方地接受褒獎和稱讚。

「辦公室超人」應該同樣大方優雅，甚至應該比超人更積極地推銷自己。在職場上，自我推銷最成功的結果就是加薪晉職。這些都是通過磋商得到的，與大多數磋商過程相似，最好的態度不是對立，而是積極作出貢獻。讓老闆認識到，給你加薪或升職對他個人和對整個企業都有好處。

我們以加薪為例。在這個磋商過程中，你必須明確告訴老闆我為什麼需要加薪？

當然，你需要買轎車、付貸款、教育子女，這些都是合理的理由，但與老闆無關；為了增強說服力，你必須將焦點放在老闆的需求上。

簡要總結自己在過去一年中取得的成就，同時對比同級別者的薪資來補充強化你的要求——假設他們的薪資比你多。

此外，對加薪的幅度要有準確的概念。不要一開始就挑明加薪的數額，如果這個數字過高，你可能感到尷尬，但總比好過提出一個過低的數字。一開始定位過低就會卡在那裡動彈不得。最佳的磋商策略是不要自己一開口就談到錢的問題。最好由你的老闆先提出加薪的額度。讓他來確定數額，以此為基礎再進一步商談。

和老闆商量升遷與以上過程多少有些類似。你需要說服老闆相信你的價值，相信他對你的投入是物超所值的。你所談的是商業交易，而不是乞討。一定要充分報告自己為公司取得的成績，要讓老闆注意到：既然你在目前的職位上就有這此樣成績，那麼在權限更大的位子上，你一定會作出更大的貢獻。

「沒有你我該怎麼辦？」

假設在龍蛇混雜的首都，充斥著罪犯、瘋狂的商人以及奸猾的政客。如果沒有超人，首都的人民該怎麼辦？

你的老闆不一定會面對著如此繁多而急迫的威脅，但作為領導人，他一定有許多必須解決的問題，以及必須滿足的需求。你的目標就是成為他的「辦公室超人」，讓他對你說出：「沒有你我該怎麼辦？」

自己的「正義聯盟」

如果說在這個宇宙裡有誰能夠單槍匹馬拯救人類，那一定非超人莫屬了。刀槍不入、透視眼、騰雲駕霧——你一定相信他可以高喊「無需幫助」的宣言，隻手拯救世界。然而在1960年3月，讀到《勇猛無畏》（*The Brave and the Bold*）漫畫的讀者會驚奇地發現超人身邊突然出現了一大群超級英雄：水人、蝙蝠俠、閃電俠、綠超人、火星奇俠以及神力女超人，他們將共同對抗征服者斯塔羅——外太空巨型海星的始祖。這個超級行動團隊命名為「美國正義聯盟」（Justice League of America, JLA）。

讀者喜歡JLA，JLA成了超人漫畫中的一道盛宴，但這仍然無法取代超人獨行俠的光輝。DC動漫工作室確實充滿創意，而他們引入JLA時是否考慮過其他含義呢？也許我們可以這樣解釋：沒有人——即使是超人也不例外——可以與他人隔絕，獨來獨往。這個解釋是合理的。

事實上，只要是人——包括超級英雄——聚在一起工作，就會變得十分有趣。一般來說，團隊工作比單獨工作更能發揮潛力。由於交易的本質，商業活動至少需要有「買方」、「賣方」兩人，而事實上通常需要更多的人參與。無論如何，想當一個「辦公室超人」絕非唱好獨角戲那麼簡單。

小談話，大功能

超人和他的另一個自我——克拉克都是行重於言的人。除了離群索居，超人僅在最緊要的關頭才現身。而作為記者，克拉克待在辦公室裡的時間比在外奔波取得新聞線索的時間要少，這也難怪我們鮮少看到超人／克拉克處於休息狀態。其實，在實際生活中，不論你從事什麼職業都有空閒時間存在。

事實上，空閒對日常的商業活動非常重要。它為我們提供了喘息的機會，讓我們能夠思考、回顧並作出修正。除此以外，還可以讓我們隨意閒聊。

守舊派的管理者非常討厭閒聊。他們將其斥為「混時間」和「只會出一張嘴」的行為。沒錯，閒聊確實可能嚴重浪費時間。然而大多數商業活動又何嘗不是如此呢？例如，你可能花了數小時來評估一個企劃的可行性，最後發現它不值得一試。我們不能將評估的過程視為「浪費時間」。同樣，某些閒談能帶來效益，某些則於事無益，不能一概而論。

具效益的閒談能夠幫助你關注事情積極的一面，推動團隊磨合，提高組織的工作激情，並增強你與合作團隊的相互認識。最後一點尤其重要，因為你越了解同事、下屬和老闆，就越能與他們進行有效溝通。

將與你共事的人視為客戶，不斷地向他們推銷自己——自己的想法、計畫、觀點和價值觀。優秀的推銷員都知道，要想達成銷售目的，必先了解自己的客戶，確定其需求、欲望以及顧慮，然後展開有針對性的銷售。如何了解自己的「客戶」呢？這就需要談論與他們相關的話題。

閒談就是對話。有些人天生善與人交談，有些人則並非如此。通常，那些不善於交談的人較不會傾聽他人，使得交談無法進行。他們或者先入為主，或者對話題不感興趣；而另一些不善於交談的人可能只是過於羞澀或自我意識過強，而無法關注他人談話的內容。

成功交談的第一步。首先要選擇恰當的時機。避免在趕進度，或者工作上碰到難題時。一旦你找到了恰當的時機，開始會談時，要確保與對方目光交流。不時提問，因為提問是交談的助推劑。當交談露出要停止的跡象時，可以說：「然後呢？」或者「你接下來怎麼做？」，讓對話繼續下去。

交談是雙向的，既有得到也有付出。也就是說你需要適時打斷對方，避免沉默寡言。不情不願的態度通常會扼殺交談的契機，特別是閒聊，因為它本該是輕鬆愉快的。因此，不要在閒聊時提出批評。批評是嚴肅認真的，而且應該在私下進行。

閒聊不應該與說閒話、流言蜚語等混為一談。工作場合充斥著閒話和流言，一點也不稀奇，但這不利於工作士氣，反而會妨害合作精神。閒話、流言與閒談的本質區別在於，前者具有破壞性，而後者有建設性。

另外，還需要克制自己賣弄才智的衝動。閒談的目的不是炫耀，而是獲得關於同事的訊息。你對自己的事當然瞭如指掌，但一定要讓對方有機會告訴你他所知道的。

閒談應該是自發的、隨意的，但不代表你不需要作充分的準備。應該多關心時事，每日閱讀報紙，每月至少讀一本雜誌。從廣播或其他媒體獲取新聞，以及圍繞新聞展開的討論。要清楚自己行業或職業的最新進展。

在《動作漫畫》第一輯，克拉克開口與人攀談是困難的，「你……你……當時說……說什麼，露薏絲？」他結結巴巴地說。我們對克拉克的詞不達意都能感同身受。打破談話中的僵局是艱難的。最好不要力圖顯示你很聰明，開場白只要明確表達交談的欲望即可。可以用一個故事、一則產業新聞或雙方都有興趣的問題打開話匣子。如：「你覺得新近發行的會計軟體怎麼樣？」或是：「嘿，我一直都想知道你是哪裡人。」

如果說閒談有所謂的首要規則，那就是：保持輕鬆。當然，如果對方提起較沉重的話題，那就順著他的話頭說下去，但基本上應該保持在諸如天氣、交通、沒有爭議性的時事、旅行、書籍、電視劇、體育節目等等「安全」的話題上；防止說些低級趣味的故事、黃色笑話與種族歧視有關的話題等。至於宗教及黨派政治屬於你和同事的私人事務，不應該在辦公室來進行討論。

摩擦無處不在

你可以把辦公室裡的閒聊視為工作的全效潤滑油，不過，它也不可能消除所有的摩擦，以及所有衝突的來源。

無論何時，只要兩個人在一起，都有可能發生衝突。衝突是超人故事的基本元素——善惡總是對峙抗衡的。由於人們的思惟和生活方式不可能完全一致，他們的需求和動機也各不相同，因此無法在所有場合都達到完美的共識。如果衝突是人生的一部分，那麼在商業領域肯定也是如此。

超人從不會逃避衝突。為解決衝突，減少摩擦，他願意承擔任何代價。「辦公室超人」也應該接受職場上衝突無處不在的現實，而不是逃避、否認或試圖粉飾和掩蓋衝突的存在。事實上，如果每個人對所有的事情看法完全相同，那麼商業世界早就分崩離析了。觀點的差異產生衝突，而多樣化的觀點對任何企業都是彌足珍貴的。解決衝突的關鍵不在於消除所有異議，而在於防止異議變成不可挽救的衝突。對於「辦公室超人」而言，面對衝突的可行之道就是進行協調。

協調可以經由以下方式完成：不要壓制任何一方，必須讓所有人都有機會闡明他們的觀點。一旦所有的觀點都攤在桌上，要關注這些觀點本身和它們代表的問題，而不是提出觀點的人。讓所有人都明白，你堅信各持己見是正常且具創造力的表現：「我認為大家對這個問題的看法都各有價值。」盡力讓每個人都參與討論，並且提醒大家所有的努力都是為了共同的利益，解決一個共同的問題。

一定要克制自己的情緒，不要在衝突中感情用事。控制情緒的一個好辦法是觀察你的周圍，找一樣東西，不管它是什麼，然後告訴自己，當你想要發洩時，這件東西會提醒你冷靜下來，讓你傾聽、反思，然後再行動——而且是對事不對人。

人與生俱來有自我防衛的本能。我們可不像超人有鋼筋鐵骨，刀槍不入——更何況眾口鑠金，人言可畏。對衝突的協調管理使我們克制了本能的衝動，允許那些與自己相反的觀點、意見或看法得以表達。

超人具有超凡的能力，他仍能認清與其他超級英雄團結合作的重要。我們這些凡人，無論是智力、想像力還是觀察力都非常有限。當他人提供不同的意見時，你為何要拒人於千里之外呢？

一步一步來

翻閱超人漫畫，或者是觀看超人電影，你不難發現這樣一幕：超人縱身投入纏鬥之中，然後果斷地採用某項超能力，立刻力挽狂瀾，拯救世界。

這就是超人風格的衝突解決法。然而「辦公室超人」卻需要一步一步分解問題，無法一蹴可幾。

面對衝突，情緒爆發的關頭，首先受到影響的就是看不清楚問題。這時應該深吸一口氣，著手整理衝突的來龍去脈。「究竟為什麼產生爭執？牽涉到哪些問題？」要盡可能詳細具體。在衝突升高之前，讓各方充分表達意見，用事實來代替所有的猜測。

仔細定義衝突並不是為了讓衝突本身消失，而是讓你和其他人發現，衝突涉及的問題根本不值得發這麼大火，試著以新的角度審視這個問題。如果你作出讓步，對方「贏了」這次的衝突，你能否接受這個結局？另外，就衝突涉及的問題而言，是否必須馬上解決呢？

如果你必須同時處理多個問題，請分別獨立處理，不要急於「一件接著一件」，也不要用一些模糊的說法來混淆各個問題，與其埋怨「你的部門總是拖拖拉拉趕不上進度！」倒不如讓批評具體而實際：「你的部門在布萊克計畫上比預定進度提前四天。可是在史密斯計畫上卻落後其他部門一周的進度。我們應該試著找出原因。」

藉由指出具體存在的問題，減少爭端，甚至可以找到解決之道。

最後一步

現在你已經朝解決爭端的方向踏出了第一步，接下來要做的就是透過嚴謹的步驟將問題本身與相關的人分離開來。一定要牢記，你要解決的是存在的問題，而不是指責他人。

確定衝突癥結之後，要努力將各方關注的焦點整合在同一領域中，並開始著手行動。接下來，以此為基礎，確定要用何種方法整合歧見，哪些手段可能有效，哪些則於事無補。在制定解決方案時，堅持依賴事實，貫徹具體明確的方針，根據需要完成的任務列表，給每個參與者分配一項具體的任務，然後確定目標、任務和可以衡量的績效評估標準。

團隊合作

近年來，關於團隊關係的商業書籍不勝枚舉。但這些歸納起來不外乎一句話：團隊就是由具有共同目標的人們組成的集體。

細想這句話中包含了兩個關鍵詞：「人們」和「目標」。人具有極大的創造力，具有很高的自主性，也具有極強的解決問題的能力。既然一個人因為具有上述特性而顯得寶貴，那麼一個由人所組成的集體理應具有更大的價值。

第二個詞「目標」也十分重要。僅僅把團隊定義為一群人的集合是不夠的。在許多機構中，人們之間的結合是如此鬆散而缺乏目標，簡直像是一盤散沙或是一群烏合之眾，遠遠稱不上一個團隊。團隊合作得力的基本前提是團隊具有共同的目標，而該目標被所有成員理解和接受。請牢記，美國正義聯盟的存在不是因為超人需要一些超級朋友；它存在的目的完全是為了：掃除征服者斯塔羅對全人類的威脅。

定義團隊目標雖然非常重要，然而僅僅如此還不能保證團隊行動能發揮效用。不妨想想JLA的情況：每一個超級英雄都具有與眾不同的力量，因此每個人都可以為完成任務扮演合適的角色。反觀許多商業團隊，只是將人拼湊在一起，各自分配一項任務，然後聽天由命。當事與願違時，團隊的成員通常會交相指責對方缺乏「創造力」。這樣的指責不僅於事無補，也掩蓋了真正的問題。如果分配合適，就會發揮不同的作用。

要讓團隊成員有效合作，特別是對以任務為導向的團隊而言，必須知人善用，使每個角色都有利於團隊的成功。

有些人非常適合創造者的角色。創造者產生新想法，是具有原創思維的人。把問題交給創造者，他就能嘗試提出一套解決方法。對他來說，規則是可以打破的。雖然你可以指望創造者引入新鮮原創的概念，但他通常忽略了實際執行時的細節和問題，沒有評估後果或考慮實現創意可能產生的影響。激發出的靈感可能非常出色，但光靠他一人很難使靈感得到修正和執行。

因此，對大多數團隊來說，不需要所有的成員都是創造者，它要的是一兩個「把關者」。此人通常比創造者更循規蹈矩，喜歡反思提案中存在的問題，檢驗新概念是否合理，喜歡推衍如果嘗試不成功可能出現的後果。他的初衷並不是要否定這些創意，而是要力保執行萬無一失，或者至少能夠加以改進和完善。

把關者關注結果和後果，為執行創意規劃方案。他擅長準備，善於應對可能出現的不確定性。他不想做個掃興的人

——儘管一些欠缺耐心的成員會這麼看他——純粹只想使創新過程井井有條。

把關者對團隊十分寶貴，因為他會幫助團隊腳踏實地展開工作。透過預測問題，他幫助團隊清除障礙和隱患。然而，僅僅由把關者組成的團隊無法勇於承擔風險，甚至可能因為預見問題而裹足不前。創造者的角色能夠平衡把關者的角色（反之亦然）。然而，要組成優秀的團隊，還需要第三個角色，就是「執行者」。

作為貫徹團隊創意的執行者，他的多角色確保團隊產生的完善創意能被確實有效地執行，並獲得成果。如果團隊中僅有創造者和把關者，可能永遠也無法完成工作；而如果缺少創造者和把關者，僅靠執行者，也無法產生任何成果。

有些人天生就是創造者，有些人則適合把關者的角色，還有的人適合擔任執行者。很少有人能夠結合以上兩項甚至三項職能，即使是「辦公室超人」也不能以一人之力出色地完成創意、把關和執行。如果團隊中包含了這三種人，那麼就不需要成員無所不能，團隊可以像接力賽那樣有條不紊地運作起來。創造者產生想法，然後像接力棒一樣交給把關者，由他改進並加強該創意，再交給執行者，由後者負責貫徹實施。

雖然「辦公室超人」不可能包辦所有職能，但他的強項在於理解並欣賞成員的不同作用，並善於與人合作，促進「接力棒」交接——不妄自尊大，不妄加指責，也不阿諛奉承。就像超人在JLA隊友中一樣，「辦公室超人」單個看本領超凡，在團隊中也能大顯身手。

辦公室戀情

在《超人》系列漫畫長達70多年的連載中，除了超人本身，沒有人比露薏絲．連恩占據更多的篇幅。她是《超人》中唯一從一開始就登台亮相的配角。作為《星球日報》的記者，她在1938年絕對算得上另類，因為她有自己的事業，一名女性記者。當時，大多數婦女都是家庭主婦。確實，許多年輕女性加入服務業，從事輔助類工作，例如侍者、秘書等，但這些僅是為了養家餬口，而不能稱為事業，她們在結婚之後也往往會辭去工作。二次世界大戰改變了這種社會現象，女性投入職場的數目史無前例地增加了。戰後，許多女性又變回原來的家庭主婦，直到1960年代女性才開始大規模追求自己的事業。

多年來，露薏絲的形象反映了這一社會變革的過程。雖然西格爾和舒斯特在1938年就將露薏絲描繪成職業婦女，這顯得有點前衛，但仔細思考就會發現，事實並非如此。在露薏絲首次登場時，克拉克問她：「妳在辦公室為什麼總躲著我？」而她卻搪塞著回答：「好了，克拉克！我整天就寫些煽情的小道新聞，別讓我又來一遍！」此語顯示，露薏絲．連恩並不是一位報導嚴肅新聞的記者，而是一個「悲情寫手」（這名詞出現在1940年12月《超人》第七輯）——報業女性從業員一類，活躍於1930年代至1940年代，專們為女性讀者撰寫賺人熱淚的小道消息。雖然露薏絲是位職業女性，但在西格爾和舒斯特的筆下，她的地位十分有限。

在二次大戰期間，故事出現了小小的變化，露薏絲有時被描繪成經驗豐富的戰爭特派記者；同時從這時起直到1950年代，她開始成為天氣預報編輯（處於新聞工作者級別的底層）、失物招領處主任、漫畫作者以及《星球日報》巴黎版的編輯。甚至在派瑞．懷特缺席期間，她還擔任報社首都總部的代理總編。1950年代，她的地位有時被抬高到「足以與克拉克．肯特匹敵的記者」（《動作漫畫》第176輯，1953年1月），還被譽為「首都最靚的女記者」（《動作漫畫》第195輯，1954年8月）。

1960年代與1970年代交替之際，露薏絲終於首次被描繪成勇於接受危險任務、具備高尚職業品德的女記者。這些質能為她贏得了許多榮譽，包括一項普利茲新聞獎。從此以後，超人的作者們再也不敢稱她為「女記者」。時代不同了，女性可以成為合格的記者，而不是「女」記者。醫生、律師、經理和執行長等職位也是如此，不再出現顯示性別的字眼。

露薏絲成為職業婦女的變化沒有終結她與克拉克或超人之間的浪漫關係和性吸引，甚至還加深了兩人的關係，使故事變得更加複雜，更引人入勝。即使在1938年，辦公室羅曼史也是個棘手的問題，但隨著女性地位逐漸提高，隨著愛情、性以及工作環境的糾結，它開始變成頗具風險的問題。二、三十年前，克拉克還可以有把握地推測，露薏絲只是把

《星球日報》當成邁向婚姻的跳板；這樣的推測現在早已靠不住了。

高風險

長話短說。今天的「辦公室超人」是否承擔得起一段辦公室戀情呢？

答案簡單明瞭：不，他承擔不了。

這答案簡單，卻不夠實際。讓我們換個角度想，一周有7天，即168個小時。其中，睡覺占了56小時，還剩112小時。根據法律，每周你不得工作超過40小時，但大多數從事腦力工作的人至少用了60小時。再加上每天1小時通勤時間，大約剩下45小時可自由支配。顯然，我們清醒的時候大多數時間都在工作。那我們的工作伙伴都是誰呢？現在不是1938年，我們的同事有男人也有女人，總量也基本相等。除性別不同外，這群人的共同點很多：老闆相同，職業利益相同，日常工作也相同。近年的調查發現，約80%的員工承認自己與同事談過戀愛或發生性行為。

是的，一點也不稀奇。事實上，現在的工作環境是美國人最有可能尋得愛侶的地方。1996年，經歷一段轟轟烈烈的辦公室戀情（如果從1938年《動作漫畫》第一輯開始算起，足足持續了58年）之後，露薏絲·連恩和克拉克·肯特終於步上紅毯，在在證明了上述的時代趨勢。

然而，辦公室戀情的風險依然很高。大多數經理人不希望看到職員發生感情糾葛，因為他們覺得，如果員工把注意力集中在感情上，可能就不會專心工作了。

按照常理，我們當然應該支持經理人的看法，但也有不少研究和傳聞（據接受採訪的人士所說）指出，辦公室戀情反而有利於提高工作效率。蒙大拿州立大學組織和產業心理學教授查爾斯・皮爾斯指出，「職員經常會將愛情轉化為工作動力」，他還說：「扼殺辦公室愛情的政策是沒有學術依據的。」

辦公室愛情有助於提升工作效率，這說法可能顯得與常理相悖，但事實上也沒有那麼奇怪。愛情就是愛情，雖然也會令人心碎，但愛和性都是令人愉悅的。如果當事人感到愉悅，自我感覺良好，工作效率可能也會提高。其實，不管你的另一半是在同一個辦公室，在家，還是不同公司上班，這一點都不受影響。

所以，辦公室愛情未必會產生負面影響，反而有可能增進效率。即使如此，經理人還是提出另一個反對理由：損害職業道德。

職業道德與每個員工息息相關──同事、下屬以及上司被要求在工作中做到一視同仁，不可任人唯親或徇私舞弊，同時避免讓人產生這樣的負面印象。

辦公室愛情是否會產生任人唯親或徇私舞弊的問題呢？答案取決於當事者的性格。存在這樣的風險，不是不可能，但只要願意控制就可以處理好。最重要的考驗是，如果戀情崩潰，或辦公室裡出現第三者，這種情況確實對職場公正性產生負面影響。

儘管存在這樣的風險，職業道德也未必一定會受到愛情影響，也許是辦公室愛情的存在向來給人「職業道德受損」、「徇私舞弊」的印象。在麻薩諸塞大學的一次調查中，一些員工認為辦公室愛情會產生「情人皆可愛」的效應

——兩名同事墜入愛河的新聞會提升整個工作環境的士氣。但更多的討論者表達了對辦公室愛情的否定態度。一位曾經親身經歷辦公室愛情的女士，她說：「同事之間沒有這麼開誠布公。甚至有人暗示我，我的愛情是為了往上爬。我覺得受到傷害。從職業角度看，我感覺被大家孤立了。」

這個問題確實很嚴重。你可能具有成熟和正直的人格，能夠保證個人感情不會影響職業精神，但你不能保證他人能夠看到你的公正和客觀。超人的超能力能讓他對許多事勝算在握，但他的雙重生活則使得克拉克．肯特麻煩不斷。當出現危機時，克拉克必須隱藏起來，變身超人，而在他人看來——特別是露薏絲．連恩——克拉克簡直就是臨陣脫逃。從表面上看，他們自然認為克拉克是個膽小鬼，雖然這種看法與事實大相逕庭，克拉克卻無力改變。處於辦公室愛情中的人也是如此，雖然事實上可能是清白的，但還是難防他人的白眼。

人言可畏，倘若戀情牽涉到老闆，這一點就更加明顯。就算僅涉及同事依然可能致命，如果你和一名同事「往來密切」，他人可能因此無法與你接近，敵意和猜疑也就隨之而來。

麻薩諸塞大學的研究小組指出，女性比男性更難容忍辦公室戀情的存在。她們認為，作為女人，她們必須努力爭取職場地位，而辦公室戀情則會妨害競爭，使女人更難建立良好的職業形象。

露薏絲·連恩

初次登場：《動作漫畫》第1輯，1938年6月。

全　　名：露薏絲·連恩

露薏絲·連恩出生於德國威斯巴登市郊一座美軍醫院，父母分別是山姆·連恩將軍和伊利諾·連恩。連恩15歲時與妹妹去首都遊玩時，在《星球日報》謊報年齡應聘。總編派瑞·懷特讓她長大了再來，卻被露薏絲拒絕。她自告奮勇打入萊克斯·盧瑟邪惡的老巢萊克斯公司，竊取了許多機密文件，並且從拘禁中逃出，將文件交給了派瑞·懷特。懷特終於答應在她上學期間雇用她當兼職記者。

露薏絲以名列前茅的成績從大學畢業，成為一名傑出的作家，並一躍成為《星球日報》王牌記者。她最大的新聞成就是首次報導了超人的英雄事跡。事實上，正是露薏絲受到超人服上「S」形氪元素符號（Kr）的啟發，將他命名為「超人」(Superman)。

在職業生涯的大部分時間裡，露薏絲·連恩致力於查明超人的真實身分，同時還與克拉克·肯特相戀，兩人最終訂婚，當時克拉克向她吐露了自己的真實身分。婚後，她繼續從事全國一流記者的工作，並成為超人的工作伙伴，為其保守著身分的秘密。

風險管理

好了，讀完這一段，我們的「辦公室超人」是不是已經迫不急待要宣誓，你永遠不會把工作和歡愉混在一起？然而，事實上你永遠也無法預見愛神之箭何時會射向你的心坎。即使已經與同事墜入愛河，你可能仍渾然不覺。事實就是如此。你只需要牢記，所有的辦公室愛情都可能招來其他同事的反感。在這種情況下，你得竭盡所能以公平、開明和客觀的態度和每個同事相處。

1997年，DC漫畫工作室的編輯將與超人婚姻相關的小故事收集整理匯編成冊，這就是《超人：婚姻及其他》（*Superman: The Wedding and Beyond*）。對於所有關注辦公室愛情利弊的人，這本小冊子堪稱是一本絕佳的教材。當時的超人不知為何失去了許多超能力，他向神力女超人講述自己感情上的高潮和低谷。概括說來，他指出同時處於「戀愛」和「競爭」關係下的尷尬。他回憶著：「露薏絲總想查明超人的真實身分，但克拉克．肯特總是比她早一步寫出報導，過了好幾年她才原諒他。」接著又說：「我不是要和她爭，我只是希望能控制公眾了解超人的程度。」儘管對露薏絲有意，克拉克明白他不能因此泄漏超人的身分。愛情不僅與競爭有所衝突，與宏觀的道德感也是一樣。

儘管如此，超人繼續說著：「多年來我們終於解決了這個問題，而無論我是克拉克還是超人，都與露薏絲走得更近了。她終於同意嫁給克拉克，但我不能讓她在不知情的情況下與我結婚。」這裡又點出另一個關鍵問題：秘密和婚姻是不可兼容的，特別是當雙方在同一個辦公室裡共事時。

露薏絲與克拉克的婚姻之路充滿了坎坷，兩人的婚約曾一度取消。露薏絲事後解釋說：「我們的關係無法維持，因為我覺得他作為超人的一面，太讓人操心了，而且難以捉摸。我當時極害怕失去自我，變成超人夫人……我的表現簡直像個白癡！」露薏絲·連恩和克拉克·肯特（超人）都不是普通人，但作為辦公室情人和配偶，他們面對的問題十分典型。

對於與同事墜入愛河或結婚的人而言，職業和感情的問題可能難以解決，但更急迫的危險可能是辦公室性騷擾。

根據1964年頒布的《民權法案》第七條，性騷擾的定義是：

「……出現（任何）不受歡迎的、有性意味的接觸、性要求和其他具有性內涵的口頭表示或身體接觸，或明確或含蓄要求該當事人屈從這些行為，否則就威脅其僱傭關係的；針對該當事人的僱傭決定是基於她是否屈從於這些行動的；這樣的行動旨在無理干涉該當事人工作表現，產生恫嚇、敵對或侵犯性的工作氛圍，或造成了這樣的效果。」

這就是法律對性騷擾的定義。

性騷擾不僅是下流無恥的行為，還違反了法律。大多數情況下，遵紀守法很簡單。不偷不搶，不逃漏稅，如此而已。儘管性騷擾的法律定義如此明確，其解釋仍然留下了許多灰色地帶。舉出性騷擾的例子很容易——公然的性接觸、在遭到拒絕後仍反覆要求約會、挑逗性的話語——所有這些都構成了違法行為。難以確定的是，究竟什麼才是「挑逗性的話語」？例如「今晚想放縱一下嗎？」人人都會同意這是具有挑逗意味的話，但如果是「你看上去美極了！」呢？什麼才構成「公然的性接觸」？是以手撫肩嗎？如果身體接觸就被視為公然性接觸，那麼大家就只敢握手了。

黃色笑話和其他挑逗性語言，即使不是針對某個人，也可能構成性騷擾，這就保護了當事人不受「恫嚇、敵對或侵犯性的工作氛圍」所害。展視情色意味或性內容的塗鴉也一樣，儘管這些可能只出現在你自己的辦公區裡，而你認為它們是高雅藝術。

在第八章，我們討論了如何從辦公室「閒聊」中開發積極成果。你最好確定這些閒聊不涉及性話題，例如幻想、取向、活動或身體器官。甚至一些手勢或表情也可能被他人視作下流，是帶有侵犯性的，會讓工作氛圍變得充滿敵意。

一定要牢記：性騷擾事件中，受害者遭受最嚴重的傷害，但同時它也會對受到指控的一方造成嚴重的後果，儘管該冒犯者可能沒有意識到自己的失禮。這種指控甚至可能毀了一個人的一生。

你的超能力沒用了……

所有的員工都需要了解愛情和性在辦公場合的風險，對經理人和監督人員而言這也是沉重的負擔。儘管大多數抱怨遭到性騷擾的員工都有真憑實據，不要忘了人是會說謊的，更何況對相同的言辭或舉動，不同的人會有不同的理解。

如果你處於管理或監督的職位，那麼請避免與下屬進行過於親密的交流，以保護自己。不要與他們有身體接觸，並注意防止可能帶有冒犯意味的話語。

開啟你的感情「雷達」。如果你意識到與某一下屬相處不愉快，不要與他獨處，在任何一對一的會議裡都要求第三方出席。以下才是真正困難的：如果你是經理人或監督者，在開始與下屬相戀時一定要三思。你可能會使自己處於性騷擾的指控之下，也可能讓自己和對方受到「搞裙帶關係」的指責。至少，你的權威地位將大打折扣。

「做得對，露薏絲！」

露薏絲・連恩在他身邊的時候，超人就不愁沒事做。她總是惹麻煩，而幾乎每次都是超人及時英雄救美。但這並不表示作為女性她就不擅長照顧自己。在《動作漫畫》第一輯裡，她一登場就義正詞嚴地回應了惡棍的調戲。他向露薏絲叫道：「妳會心甘情願和我跳舞的！」而露薏絲則回以一記結實的耳光。克拉克心裡暗想：「做得對，露薏絲！」

如何處理辦公室戀情，這可能是個複雜的問題，但至少有一點必須明確，那就是當對方明確說「不」時，一定要收手。「不」不是「也許」，也不會有「其實心裡同意」這樣的意思。如果對拒絕不屑一顧，你可能不止犯下性騷擾，甚至可能被指控為性侵犯，遭受刑事審判。

「美國精神」

女性投入職場，反映出美國工作領域的一場革命——從性別、種族和文化歧視的淵藪轉變為多元化的舞台。早在1950年代，當膾炙人口的「真理、正義與美國精神」開始與超人聯繫在一起時，作者腦中的「美國精神」無疑僅代表了白人男性。而今天，美國精神變得更具有種族多樣性和多元化。

你仍然可以發現到，有些人抗拒工作環境中的多元化，但大多數人已經意識到，多元化不僅僅是正確的，也更加富有效率。要在一個多元化的社會中取勝，企業需要具備各種視野的員工。

回顧「美國正義聯盟」

在上一章我們談到，超人及其創造者早在1960年代就透過「美國正義聯盟」充分利用多元化的益處。當時與超人並肩戰鬥的蝙蝠俠、閃電俠、綠超人、火星奇俠以及神力女超人，他們都各有神奇的本領，聯手作戰的威力比單打獨鬥要大得多。

水人在大洋中如魚得水。他可以在水中呼吸，與水生物用心靈感應溝通。他比一般的超級英雄更具環境保護意識。

蝙蝠俠就某種程度上說是個普通人，他打擊犯罪的方式多少有些陰險，但卻沉穩堅毅。

韋斯特受到閃電和化學物質雙重衝擊後，身手敏捷，變成了以速度見長的閃電俠。

綠超人能力很多，但都有賴於一枚翡翠色的能力戒指，這枚戒指使他可以製造任何物件、發出能量波、驅動飛機、創造防護力場等等。不過，由於戒指並不純淨，遇上黃顏色時他就力量全無。他和我們大多數人一樣，需要別人的保護。

火星奇俠力大無窮，能夠飛翔，幾乎刀槍不入，具有心靈感應能力和變形術，可以完全隱形。他唯一的弱點是怕火，即使是一點小火苗也能置他於死地。

1940年，DC漫畫工作室的前身聘用知名的心理學家威廉姆·馬爾森擔任顧問。馬爾森對於超級英雄漫畫的主角清一色全是男性表示憂慮，他認為這不利於年輕讀者形成正確的世界觀。因此在1941年，神力女超人登場了。她原本是亞馬遜叢林國度的公主，為了捍衛正義離開了自己土生土長的極樂島。在男性英雄占統治地位的世界，她具有超級力量、耐力和敏捷性，以及許多重要的寶物，如魔力套索、一架隱形飛機和防彈手鐲。在早期，她行使著近乎於秘書的職能，直到很多年後，JLA開始學會善加利用她的能力。

超級武器：多元化

當「美國正義聯盟」於1960年首次登場時，DC漫畫工作室揭示了我們今天稱為「多元文化認同感」的精神——具有不同背景和觀點的成員融入同一個集體。成功的領袖早就意識到，如果每個人的想法一致，那麼就沒有人是真正在思考。

在美國，多元化已經被法律承認並盡可能貫徹執行，早在1964年《民權法案》就有這方面的強制性規定。但精明的生意人，當然也包括「辦公室超人」，是不會單純地遵守法紀，他們意識到多元化確實有助於企業成功。美國的工作環境變得日益多元，不同種族、民族和文化背景的人；更多的女性、雙薪家庭、單親媽媽（爸爸）、殘疾人士以及老年工作者參與工作。多元化發展的好處，是反映社區大環境的需求，進而獲得更大的發展。

自我調適

超人在著手完成任何重要使命之前都會進行充分準備，認識自己，然後再思考如何完成任務。當你踏入如此多元化的工作環境時，你可能也需要相同的自我審視。

自己對多元化感覺如何？你的視野是否能真正地超越性別、種族、民族、殘疾等界限？你是否樂於與自己類型不同的人交往？你是否受到偏見的左右？

重要的是，你必須了解看問題的基礎，這樣才能在必要時調整自己的方向。如果別人對你存有偏見，可能會影響你的晉升；你對他人持有的偏見——不管是有意的還是無意的——也可能對你的發展不利。

然而追根究柢，多元化對企業的繁榮發展有其必要性。它會增進你和同事、客戶、下屬及老闆之間的理解，使工作環境愉快，提高工作效率、生產力。

海納百川

種族歧視是狹隘排他的，多元化則強調吸納與包容。「辦公室超人」不該想方設法將與自己不同的人驅逐出去，而應該盡力讓更多的人有更多的機會從事更多的工作。

到了2005年，女性將占總勞動人口的48%，越來越多的女性擔任領導職。顯然，男性領導女性的時代已經成為過去式。然而，對女性的歧視仍然會以比較含蓄的語言方式進行，例如「寶貝」、「女孩」、「甜心」、「洋娃娃」等具有性別歧視和侵犯意味的字眼。傳統上英語就一直採用男性代詞「他」指稱所有男女。這使得大多數人下意識地忽略了女性的文化身分，把她們看成是二等公民。因此，有人就提議採用「他／她」「他或她」這樣的替代稱謂，但這些都讓人感覺怪異。「辦公室超人」必須尋找更有創意的方法來回避這個問題。首先，盡可能少用這樣的代詞。例如，「他真正理解他的員工」就可以改為「成功的經理真正理解自己的員工」。

在辦公場合處理與女性的關係時，即使是「辦公室超人」有時也會在身體語言方面犯下錯誤。禮貌很重要，記住與女性握手的方式和與其他商業人士一樣，要溫和有力，但不要用力過度。為女性開門依然是合宜的舉止，而女性為男性拉門也是合適的——禮貌不應該按性別來區分。

見見梅格·索爾

在「血腥運動」(《超人》第四輯，1987年4月）中，首都警察局的偵探梅格·索爾（Maggie Sawyer）登台亮相。她在隨後幾集故事中也出現，我們看到她在警察局裡官階一路晉升到重案組組長，她曾與吉姆·索爾警長結婚並育有一女，離婚後她與《星球日報》的競爭對手的記者結為同性戀人。

當同性婚姻這樣的議題被熱烈討論時，我們的社會和政府還沒有在性取向問題上達成具體的方針。然而在就業領域，這個問題是無可辯駁的。歧視性取向是違法的，同時性取向的多元化也是當今工作場合及現代社會公開可見的特徵。

賦予殘障者力量

我們生來就是黑人、西班牙人、白人、亞洲人、美洲原著民，並分屬男性或女性，然而我們其中的任何人隨時都有可能成為另一種弱勢群體的一員：殘障者。許多人與殘障者相處會感到彆扭，害怕冒犯或造成對方的痛苦，有時甚至不知道該怎麼做或說些什麼。美國在1992年通過的《殘障人士法》規定，在工作場合（以及其他公共場所）歧視殘障者構成刑事犯罪。然而，拋開法律不談，防止歧視殘障者，從人性和商業利益考慮都具有重要意義。

要避免與殘障者相處時表現尷尬，首先要關注對方本人，而不是他帶有殘疾。不要忽視他，不要在他在場時以第三人稱指代他。例如，如果有人為他推輪椅，不可直接問推輪椅的人：「他是否想把外套掛起來？」

當你被引見給一位殘障人士時，要鄭重地跟他打招呼。當然，需要按照實際情況考慮對方的難處。如果對方手臂殘疾，要準備好用左手握手或根本不握手。

輪椅是個人空間的一部分，不要觸摸或嘗試操作它。當你走近一位視覺有缺陷的人時，提示他你正走過來。通常簡簡單單一句「你好」就足以達到這一點，但如果對方沒有認出你來，要自己報上名來。不要和導盲犬嬉鬧，除非主人明確邀請你這樣做。導盲犬是用來幫助主人的，牠不是寵物。

與聽障人士一起工作時，在打招呼或開始對話前要確定對方可清晰看見你。如果對方語言有障礙，一定要有耐心。仔細聽他說話，不要打斷他，也不要急於接話。

「辦公室超人」應將自己定位成提供幫助的人，雖然有時候他也不確定自己是否應該主動向帶有殘疾的同事提供幫助。其實，這個問題很簡單：直接詢問對方。

例如，如果一位坐輪椅的同事遇到陡坡，不要立刻上前幫他推輪椅，而是問：「我可以幫助你嗎？」如果一位視覺有障礙的同事看上去正在台階前摸索，拍拍他的肩，伸出手臂，問：「需要幫忙嗎？」

跨越成見

我們都知道，即使是透視眼也無法穿透刻板的成見，它們能妨礙所有人的眼光。我們對刻板印象很難產生好感，而對真實的個人則容易產生友好的感情。

「辦公室超人」會用「黃金法則」來超越刻板印象。他用「禮尚往來」的方式對待他人，以尊敬的態度對待差異，而不是評頭論足。他的靈活性就像超人手中的鋼鐵，因為他明白拘束刻板在與不同背景的人溝通時會產生很多麻煩。

要想在多元化的工作環境中不斷發展，最重要的「超能力」是傾聽和學習的能力。當你與來自不同種族或民族背景的人交談時，不要將注意力放在對方的背景上。不要讓對方成為種族或民族的代言人：「你們這樣的人究竟喜歡吃什麼？」但如果他希望與你分享該民族的文化傳統，要注意傾聽，學習並享受對話的過程。要懂得抓住細節。例如，梅拉來到辦公室，穿戴著一件來自該民族的傳統飾物。你可以衝著她打招呼：「這條項鏈真漂亮！是你們國家的嗎？」然後開始談話。

多元化為商業瑰寶

「辦公室超人」不僅僅能夠適應多元化的辦公環境，他還要能享受這種氛圍，將其看成一種積極因素。他適應多元化，因為多元化是我們多元社會的一種反映，也是法律的規定。不僅如此，「辦公室超人」必須將多元化視為商業活動的有利因素。在工作中，它代表了商業賴以繁榮的市場。最後「辦公室超人」會很快明白，根本不該考慮「多元化」的概念。畢竟，人們就是他們自身，不要拘泥於身分背景。

領導部屬

我們很容易把《星球日報》視為一個標準的辦公室。高高在上的是老闆——總編派瑞・懷特；處在中階職位的是克拉克・肯特和露薏絲・連恩；最基層的則是實習記者吉米・奧爾森。

實際上，西格爾和舒斯特一開始並不是這麼構思的。1941年12月首次在《超人》漫畫亮相時，吉米被描繪成默默無名的「辦公室男孩」，直到1942年4月，在《超人》第15輯中作者才給他取名為吉米・奧爾森。今日的超人迷們覺得吉米是個十七八歲或二十出頭的小伙子，但早期作者一直都把他描繪成一個大概只有十歲大的小男孩，直到1944年才讓他邁入十二三歲的青春期。到了1950年代中期，他的年齡明顯變大了；他自己一個人住在一間公寓裡；他不再是一個辦公室男孩，而正式成為一名年輕的記者。

連載漫畫中，他經常惹麻煩，一直受到克拉克・肯特的照顧，對他諄諄教導。儘管只是個辦公室的小學徒，但他的學習能力驚人。在「鋼人大戰鐵人」(《世界漫畫精華》第六輯，1942年夏季）裡，吉米向克拉克提供了一條非常重要的新聞線索，克拉克對此十分讚許：「你真是個眼尖的小伙子啊！」而吉米則不失奉承回答：「我希望有朝一日能夠成為像你這樣的頂尖記者。」克拉克甚至如此評價他：「那孩子總有一天會成為一流的新聞人！」確實，僅僅一年以後，在「星球日報走向國際化」(《動作漫畫》第203輯，1955年4月）中，吉米就被任命為《星球日報》倫敦版的編輯。隨後幾年裡，吉米的形象越來越豐滿鮮活，通常以傑出新聞攝影者的形象出現。確實，超人有許多經典時刻就是借助他的攝影鏡頭才得以傳頌天下。在2003年開始的《超人：與生俱來的權利》系列中，露薏絲・連恩甚至也成為了吉米的有力支持者。一個一絲不苟的職業女性，眼裡容不下一粒沙子，竟然對吉米讚譽有加，這證明了吉米已經是《星球日報》團隊中不可或缺的一員。

領袖才能的精髓

克拉克與吉米之間的關係恰當地反映了領袖才能的精髓所在。如果被問及如何定義領袖才能，相信許多人都會認為，就是決策拍板定案，或是發號施令。這兩點確實是領袖的重要職能，然而對於領袖才能而言，這些都不是關鍵重點。領袖才能的關鍵在於教導能力，也就是在機構中激勵他人，使其承擔越來越重大的責任，有朝一日能取代自己的位置。就是因為這樣，「教導」的理念才會觸怒一些主管，他們擔心自己養虎為患，最終害得自己丟掉飯碗。然而事實並非如此，在健康的組織中，你一方面接受上級主管的教導，一方面教導自己的部屬。這樣的機制將使每個組織成員都有自我提升的機會。

關於可信賴感和溝通

吉米儘管涉世未深，卻在其生涯的一開始就做出了兩個十分關鍵的決定：他選擇克拉克・肯特做他的導師，同時選擇超人做他的朋友。因為不管是克拉克還是超人，都充分顯示了自己是可以被深深信賴的人。這是領袖才能不可分割的一部分，它由三個要素組成：

1. **自知之明，明白自己懂什麼，不懂什麼**。卓越有成的領袖充滿自信，讓人信服。建立自信的最佳途徑莫過於了解自己的工作職責，熟悉工作的實際情況，並明白自己做出決定和意見的基礎。同樣地，他也必須明白哪些領域是自己所不熟悉的，了解自己知識的界限。

2. **善於傾聽，以理服人**。最具有說服力的領袖並非那些巧舌如簧的說客，而是能夠傾聽並了解他人意見的人。他們願意花時間來傾聽他人的想法；一旦他們開口，所依據的都是已被消化的訊息和事實。

3. **從諫如流**。成功的領導者顯示出自信的本質，然而他們也會傾聽各種意見，特別是批評。他們從來不會讓批評的意見消失在自己的怒吼之下，而是努力認清他人意見中的合理之處，讓部屬明白，他是歡迎任何意見的。

關於溝通的清晰性

超人早期擁有的超能力之一是超級聲音，借用這個能力他可以使自己的聲音透過同溫層傳遞。也就是說，如果需要，他可以讓遠在千里之外的人聽到自己的聲音。領袖才能並不需要這樣「洪亮」的嗓音，清晰明確地傳達意圖是領袖才能的重要組成部分。個人魅力、自信、說服力等都是溝通能力的一部分，它們有助於和部屬建立信任關係，傳遞領袖形象。當然，最基本的還是有效傳達目標和最終目的的能力。

欲理解溝通清晰的重要性，首先要了解「目標」和「目的」之間的區別。簡而言之，「目的」是長期成就的指標，而「目標」則是要達到這些長期目的所必須採用的措施。成功的領袖總是能區分目的與目標，判斷哪些目標對於實現最終目的是必要的，進而向部屬傳達這些目標和最終目的。目標的定義最好使用明確、可以量化的詞語，如每月總產量或總銷售額之類。

當你需要向部屬傳達某項目標時，務必明確闡述任務的內容、截止時間、限制、預算以及其他要求。一旦所有事項得到傳達，還需要讓部屬明白目標的背景，即所謂的「宏觀視野」。沒有人喜歡一味埋頭苦幹而不知其工作的意義何在；當人們明白自己的任務將對全局產生何種影響時，他們的績效將顯著提高。

在《超人：無極限》系列的「無盡的戰爭」故事裡，派瑞・懷特向吉米傳達意見時的表現堪稱良性溝通的典範。當時吉米承認，他曾經對《星球日報》刊登的一張超人照片動手腳：使用數位技術去掉了超人手上的結婚戒指。他這樣向懷特先生解釋：「我只是不希望這張照片對超人或他太太造成麻煩。」不幸的是，《星球日報》的競爭對手──《星報》在頭版刊出了未經改動的照片。

派瑞・懷特當然對吉米的舉動大為光火，他立刻就挖苦吉米：「原來是這樣啊，吉米・奧爾森……你這位『相片處理大師』！你竟然能夠決定哪些事情是公眾無需知道的！」

「唔……我……算是吧……」吉米唯唯諾諾地回答。

當下，懷特利用吉米犯錯之際，向他清楚地重申了《星球日報》的一項重要原則：「……記者的首要任務是揭露事實真相。事實是我們的目的，也是我們最有力的武器。如果我們拋棄了事實，將自食惡果。我們一定要信奉事實，相信事實一定會得到伸張。」在闡明原則以後，他進而解釋了為何如此看重這條原則：「如果我們要擁有新聞自由，必須以報導事實為圭臬。」一個好的上司、好的導師總能令部屬看到問題背後的宏觀視野。

派瑞．懷特最後反覆強調他和部屬之間個人關係的重要性，作為此次教訓的總結。他嚴肅地說：「問題是，我對你感到很失望，孩子。」但他隨即又顯示對吉米的信任來鼓勵他：「你可以表現得更好的……」接著，他又給吉米指出防範犯錯的方法：「你本該把這件事通知我。」最後，他又重申了「信任」的基礎：「我也知道，你一定會從錯誤中汲取教訓。」他提醒並警告吉米，「一切新技術都賦予你巨大的權力，千萬不要把它用在歪路上，孩子。」最後，他指派給吉米一項新任務，強調了對他的信任：「現在，趕快行動吧，不然你和連恩就趕不上下一場記者招待會啦！」

選擇部屬

你可能沒有機會選擇部門裡所有的部屬，但你可以選擇由誰來接受你所分配的工作。工作分配是領袖功能中非常重要的一項，也會影響到教導的效果。首先，必須知人善用。用對人並不意味著領導者就不需要掌控監督工作進度，只是免除了事必躬親之苦。領導者應該為監督工作進度安排定期會議，以解決期間可能出現的問題。

授權：辦公室超人最富威力的「超能力」

分配任務時最困難的一項是授權，不能讓他承擔過多的職責，以確保工作順利進行。避免採用「任其自生自滅」的激進授權法；相反地，應該逐漸增加權責範圍，使部屬較輕鬆地獲得職權。如果可能的話，允許他至少在某些方面按照自己的方式工作。要以富有新意的方式激勵員工，前提是領導者能夠控制這些方式。

慎重選擇分配職權。一般而言，一開始最好是分配重複性、日常性的任務給部屬。這不僅可以將領導者從繁重的冗務中解脫出來，也提供部屬增加經驗和實踐能力的機會。

不要完全脫離分配出去的工作。盡可能給部屬提供幫助，但不要過於主動。如果新人希望你指定方案，一定要忍住不要直接提供答案。相反地，最好與部屬一起討論完成工作的幾種可能的辦法，在限定範圍內把實際的決策權交給對方。

對於犯錯誤的新人，有自信心的領導人不會急於將其逐出門外。通常他們會在工作小組中加入另一名較有經驗的成員，讓他負責教育新人。

點燃火炬

分配任務並監督部屬的工作進度，這對於領導力的發揮至關重要。然而要想成為「辦公室超人」，還必須具備持續不斷地展現熱情的能力，激勵他的部屬。這不是說領袖必須

吉米·奧爾森

初次登場：《超人》第13輯，1941年11月。

全　　名：吉米·巴塞洛繆·奧爾森

在早期故事中，吉米·奧爾森來到《星球日報》求職，當時他是一個十來歲大的男孩。在隨後的故事裡，他以「少年記者」的形象出現。在《超人》電視劇中，他被刻畫成《星球日報》的攝影師，雖然還顯得很稚嫩，但已經是前途無量了。

吉米的父親是一名軍事間諜，母親在丈夫失蹤後獨自撫養吉米長大。吉米生長於首都，學業優秀，斯文安靜。他先是在《星球日報》找到一份實習的差事，隨後得到攝影記者一職。吉米經常被暴躁易怒的出版商加拉維責罵與羞辱，但總是受到露薏絲·連恩的庇護（在《超人》電視劇中，吉米的導師不是露薏絲，而是克拉克·肯特，小吉米將克拉克視為記者的典範）。

吉米與露薏絲合作報導了許多重要新聞。在最近幾期《超人》故事中，兩人甚至成為首次被超人公開營救的人，並且報導了自己的獲救過程。吉米隨後還用相機拍下了萊克斯·盧瑟無恥惡行的罪證。

《星球日報》的總編派瑞·懷特脾氣火爆，對吉米嚴格要求但關愛有加，向他諄諄教誨記者行業的職業道德。吉米還與超人為友，後者送給他一支特製手錶，吉米如果身陷險境，可以用這支錶傳送超音信號向超人求救。

要面帶僵硬的笑容走來走去，或是死不承認挑戰、困難或問題的存在。相反地，領袖要持續關心工作進度，對預期的成果充滿信心。

在《超人：與生俱來的權利》第四輯（2003年12月）中，露薏絲帶著吉米，讓他有機會第一次拍攝到行動中的超人照片。她把吉米拉進了一架直升機，而吉米顯然對此非常害怕。

「要上直升機？」他尖叫道，「妳瘋了嗎？」

然而露薏絲卻不為所動。

「你說的沒錯，孩子，我需要一個大新聞。而你一心一意想成為記者……放輕鬆，你可是出自軍人世家呢！我從九歲起就開始搭飛機了！」

他們一起飛就差點墜機（「啊，這個才是油門……對不起……」），吉米不停地呻吟著：「不行，不行……」但露薏絲卻不停地給他打氣：「不不，記住，我們要上頭版！現在繫好安全帶，準備好相機！」

優秀的領袖常透過定期與部屬交談，保持他們的的工作熱情。當工作進展不順利時，不吝嗇表達你的關心，歡迎部屬提出改進意見，自己也給建議，一起來解決問題。懂得表揚部屬的好成績、積極的意見和態度。在必要的時候引導部屬的工作方向，因為事倍功半乃是扼殺工作熱情的大敵。

超人能成為超級英雄不僅僅是因為他擁有超能力，同時，他明智地利用這些能力，全力解決問題，而不是找別人的麻煩。他從不對他人妄加指責，而是自己身體力行。要成為「辦公室超人」必須引導部屬關注自身的行動和行動的結果，而不是過分關注部屬的個性因素。

身為領導者在提出意見時，不要只是列出空洞的總體評價，必須針對具體措施，予以詳細討論，並盡可能使用數量、成本、時間、銷售額這樣的客觀數據。

善意的批評是教導的一種方式，能夠激勵部屬，而不是行使懲戒打擊他。提出批評性意見，一定要三思。首先，要確定是否有必要提出批評。現有的工作成效真的需要改進嗎？

即使你處於領袖的地位，也需要慎重行使批評的權力。不要開口就說：「你的工作存在這樣那樣的問題，我們必須談談。」相反地，以「我們的工作存在這樣那樣的問題，我能和你談談嗎？」這樣的口吻和部屬展開對話。別擔心這麼說會讓你沒面子，其實，這樣的措辭反而會消除部屬的反抗情緒，誠心接納你的批評中有價值的訊息。

注重策略

超人比任何人都要強而有力。強大的傢伙很可能是高大殘酷的笨蛋，而我們所熟悉的超人卻是一個優雅的紳士。身為領導者要懂得學習超人的優雅和良好的風度，避免在他人面前批評部屬。在《超人：與生俱來的權利》系列第四輯（2003年12月）中，《星球日報》的發行人為我們樹立了領袖的壞典範：他把一個垃圾桶扣在吉米的頭上，說：「你給我說100遍：『加拉維先生說東就不能往西！』你把這個垃圾筒扣在腦袋上，聽到的回音還可以加深你的印象！是嗎，傑克？」

「嗯……」吉米唯唯諾諾地說，「我的名字是吉米……」

「我在你的薪資單上寫的是什麼名字，你就叫什麼名字！你這個笨蛋！」

露薏絲打斷了他：「他的名字是吉米．奧爾森，不是『笨蛋』也不是『白癡』。你以為你是哪塊料？自己心情不好，就拿雞毛蒜皮的小事當眾讓手下出醜？真可惡！」

作為領導者，你要避免的不僅僅是將垃圾筒扣在部屬頭上，還得注意做出必要的批評時要保護部屬的隱私。不要在一大早或者下班時間來批評部屬，批評畢竟是令人掃興的，特別是在新的一天即將開始，或者準備回家放鬆休息的時候。

總之，批評僅限於那些可以改進之處。如果你因為部屬無能為力的問題批評他們，只會讓他們感到受挫、惶恐甚至是憤恨。同樣，不要同時提出多個問題。一次解決一個問題，而不是丟下「連環炸彈」。

重視褒獎

在《超人》第13輯（1941年12月），我們的英雄奮力抗擊一名羅賓遜式的綠衣恐怖份子，他自稱「射手」，受害者若沒有交出贖金，就得死在他那無比精準的弓箭之下。派瑞．懷特急於想得到這個新聞，他對吉米怒吼著：「露薏絲．連恩和克拉克．肯特究竟去哪裡了？」吉米回答：「我找不到他們，懷特先生。」然後他主動請命，「我很樂意為您完成這篇報導。」

「你來完成這篇報導？」懷特大叫。

「我……我希望能成為一名真正的記者——像克拉克．肯特那樣，如果您能給我機會的話……」

「哼！你當記者，可能比克拉克還出色呢！告訴你吧，小子，五年或者十年後，我可能會給你這個機會……」

派瑞・懷特當然沒把小吉米當回事，在1944年之前，吉米一直都被描繪成不滿十歲的小男孩。懷特對吉米想要成為記者的夢想加以譏諷，在在顯示其守舊的經理人形象。他教訓部屬的方式活脫脫就是「棒下出孝子」那一套。「表揚部屬？那會讓他們尾巴翹上天的！賞他們一碗飯吃，已經是最好的獎賞了！」

利用讚美和鼓勵來促進績效，早就不是新管理理論了。要成為「辦公室超人」，就要以歷史為借鏡，懂得讚賞那些成績優異的部屬。

最後，吉米果然完成了這篇報導。

「告訴我吉米，」他的導師克拉克・肯特說，「完成你的第一篇報導感覺如何？」

這麼簡簡單單的一句話，就足以成為積極鼓勵的絕佳樣本。克拉克沒有靠誇張空洞的形容詞來堆砌言語，而是直接關心部屬對自身成就的感受。

表揚是如此重要，領導者應該考慮建立日常激勵會議制度，在這些會議上與部屬分享正面意見，激勵其工作態度。

推波助瀾

像克拉克對吉米說「完成你的第一篇報導感覺如何」，這樣的褒獎之辭只能使用一次，因為每個人一生只有一次「第一次報導」。這就是褒獎的限度。

「辦公室超人」隨時隨地懂得激勵部屬的熱情。他所說的每一句話都表達著樂觀積極的態度。這並不代表他會盲目樂觀地忽視問題，或報喜不報憂；樂觀主義不會把壞的說成是好的，也不會誤導部屬或撒謊。樂觀的態度總是能看到任何事情可能達到的最好的一面——重點是「可能達到的」。

「辦公室超人」養成了發現並傳達正面積極訊息的好習慣。例如，你的部門生產率提高了5個百分點，而之前預定的目標是10個百分點。你可以選擇抱怨「只完成了目標的50％」，也可以樂觀的態度強調「生產率提高了5％」，然後進一步指出，已經取得的成就「會激勵我們將生產力再提高5％」。

努力發現可以改進的領域，而不是盯著過去沒能改進或發生失誤的地方。樂觀主義者關心 的是現有的資源，以及如何利用這些資源去取得更大的成績。

沒有必要粉飾太平，領導者需要用積極樂觀的詞彙來說明問題。例如，用「挑戰」而不是「麻煩」來形容一個問題；將成本稱作「投資」；對於部屬欠缺某些技能，你大可稱之為「職業培訓的機遇」。

與部屬交談時，注意使用富有激情的語言。例如，在一個冗長、艱難的計畫接近尾聲之際，領導者可以說「太好了，夥伴們，我們只差一點就能完工了。」為什麼不加入激勵情緒的詞語呢，如「已經處於完工階段」或「看到完工的曙光」？

事實至上

樂觀和充滿熱誠的語言是重要的激勵手段，然而最好的方式應是客觀訊息，沒有什麼比一無所知的惶恐更能扼殺工作激情了。

當「辦公室超人」擔任領導工作時，他必須清楚發布所有的指令和指導，為部屬確立明確的目標和任務，設立明晰的日程和評估標準，並盡可能以量化的形式下達指令，如：

「我們需要在9月6日之前拜訪8家銷售商。」

「我希望有朝一日能夠成為像你這樣的頂尖記者！」

對於年輕的吉米而言，克拉克・肯特就是他的偶像。肯特就是吉米所渴望的職業理想的化身。他的行為舉止成為了吉米模仿的對象。在超人系列故事中，吉米和克拉克兩人的關係是一條很有意思的副線——雖然有意思，但並沒有什麼特殊之處。事實上，任何組織中，部屬通常都會模仿其上司的言行，無論他們做得好不好。只要你處於領導者的地位，你就會成為偶像。你別無選擇。不過，你可以選擇成為好的、壞的或沒有意義的偶像。

超人及其死敵萊克斯・盧瑟都是富有威力的人物，兩者之間最大的區別顯然來自道德面。並不是超人「好」而萊克斯「惡」這麼簡單；超人行動的指南是強烈的道德操守，而萊克斯卻漠視道德，用喪盡良心的手段滿足私欲和野心。兩人都占據領導地位，而只有超人明白，領導不只是發號施令，還要以身作則，時時刻刻按照自己確立的標準行事。

「辦公室超人」小心注意按照其下達給部屬的指令、教導和訓練行事。如果你告訴部屬要誠實對待客戶，那自己就一定要避免欺詐性的銷售；如果你注重性格塑造，那就要避免憤世嫉俗、譏諷或玩世不恭的心態。如果你期望部屬努力工作，那就要讓部屬看到，自己是多麼努力工作。

克拉克・肯特有時會變成超人，超人有時也會化身克拉克・肯特。「辦公室超人」卻不可偽裝自己，必須時時以「真身」示人。為了激勵整個組織，他必須從每天早晨踏進辦公室那一刻起就以身作則。

DAILY PLANET

首都衆生相

這是我們所熟知的場景：商務旅行。機場，航班間隙，硬梆梆的塑料座椅，同樣的「新聞插播」在頭頂上方的液晶螢幕上反覆播出著。旁邊座位的人開始發話：

「你從事什麼工作？」

你毫不遲疑地做出回答，幾乎是條件反射一樣。

事實上，答案可能比你知道的還要簡單。因為雖然世上有成千上萬種職業，而這個問題的正確答案卻只有一個。

「你從事什麼工作？」

「我為人服務。」

不論你是賣鞋子、交易股票、填寫報稅單、編寫電腦軟體，還是執行腦外科手術，你都是為人提供服務。每個踏入你業務領域的人都是你的客戶，不管你是在向他們出售轎車還是一個創意，也不管這個人是陌生人還是你自己公司的同事。

如果你問一個優秀的推銷員如何衡量業績，他會告訴你依據「收入」或「銷售量」。如果你問一個偉大的推銷員相同的問題，他的答案是：「根據感到滿意的客戶數量」。

推銷只是一個事件，而一個感到滿意的客戶則代表了一種關係。這種關係歷久彌堅，在發展的過程中不僅產生一次銷售，也許會帶來其他的業績：該客戶自己成為回頭客，經由口碑招徠其他客戶的生意。使客戶滿意，相當於在你周圍建立起一個世界——一個吸納你、接受你的環境，不管你「推銷」的是什麼。

同樣地，任何與你共事或想要與你共事的人都是你的客戶。當你向客戶推銷一部轎車時，你努力地保證她能獲得最佳的購買經歷，並將長期擁有完美的駕車體驗。同時，你也取悅了你的內部客戶——推銷經理和財務經理。這三者同為你的客戶，為了自己的事業你必須使他們都獲得滿意。就意義上而言，你的事業是服務人，讓那些與你相關的人滿意而不是推銷汽車。

「現在聽我說，克拉克！」

早在1939年《超人》第一輯，克拉克·肯特的養父就事業問題向他提出建議：「現在聽我說，克拉克！你的超能力千萬不能讓別人知道，否則他們會畏懼你的！」

這句話並沒有指出他應該如何使用「超能力」；肯特太太插話說：「但是適當時機到來，你可以用它來造福人類。」肯特先生，他告訴小克拉克的是如何進入服務人的事業。他的建議很正確，從小就為克拉克樹立了周圍的人需要什麼、想要什麼的意識。這種側重他人需求的觀念是「辦公室超人」的理想導向。

一旦進入商業世界，都要向他人兜售某種產品。可能是汽車，也可能是你的智慧，甚至是你的工作熱情。不管「產品」是什麼，你的任務是在產品和周圍的人之間建立有力的聯繫。這個聯繫就是讓他們覺得需要擁有這個產品，需要從你這裡購買這個產品。

在克拉克的父親給他提出第一個意見多年以後，克拉克走進了《星球日報》總編輯派瑞・懷特的辦公室。

「我知道我沒有任何經驗，先生，但是我仍然認為我可以成為一名好記者。」克拉克緊張地抓著帽子。

懷特的回答是可以預見的：「抱歉，我們不能雇用你！」可悲啊，克拉克・肯特在服務人類的事業裡初試身手就鎩羽而歸。他把焦點完全放在自己和自己的需要上。他對懷特說的那段話裡，用了四個「我」。而他提供給對方的則一無所有：既沒經驗，又完全沒有信心──「我認為我可以成為一名好記者」與「我知道我可以成為了不起的記者」完全是兩碼事。

克拉克從這次被拒絕的經驗中學到了教訓。他非常想要得到這份工作，因為從事新聞報導將使他有機會「即時獲得新聞線索」，才能「有機會幫助他人」。於是，他真正開始努力挖掘派瑞・懷特的需要。脫掉西裝，換上超人服，他「從大樓側面一躍而起」，藏身總編辦公室之外。

「什麼？」他聽到派瑞・懷特在電話裡大喊，「一群匪徒正在襲擊州立監獄？快去採訪！」

這樣一來，超人克拉克・肯特終於知道如何去取悅他的客戶：「嗯，看來我很有機會讓總編刮目相看！」在第三輯《超級英雄的秘密》中，超人使一蒙受冤屈的男子免受死刑，從電椅上救出一名蒙受冤獄的女子，將真正的凶手抓捕歸案，並且理所當然地為派瑞・懷特寫出了第一手的新聞報導。我們又一次可以預見總編的話：「你不錯啊，肯特！明天就來上班啊！」

績效和承諾

像克拉克・肯特／超人所證明的那樣，在推銷自己的過程中績效是不可或缺的。在每天的工作中，績效正是「辦公室超人」努力的目標。但是僅有績效還是不夠的。在西格爾和舒斯特所熟悉、喜愛的好萊塢影片的黃金時代中，年輕人總是希望能夠以完美的全壘打來證明自己。在現實生活中，一個人不可能總是取得最佳的績效，也不會因此永遠得到承認和獎賞。你需要把你目前的成就和未來預期的績效一起出售。讓你的客戶——不管是上司還是外部客戶——明白，你能使他們滿意。這點非常重要，更重要的是讓他們相信你能夠持續滿足他們，日復一日使他們滿意；讓他們相信你具有長期潛力，使你在公司的位階節節攀升。

達成推銷的四個步驟

將你工作上的事都視為交易——不論是向一個新客戶推銷一個小零件，還是向你的上司爭取一個大企劃案的領導權。交易的過程被分解成四個步驟，簡稱為AIDA，從前的推銷人員對此可是牢記在心。

第一個A代表關注（Attention）。任何推銷的第一步，不論是對內部顧客還是外部顧客，都須獲得潛在客戶的關注。最有效的做法是了解潛在客戶的需求。回顧克拉克・肯特初次求職失敗經歷，不難看出，他只是一味請求對方給自己一份工作，沒去了解派瑞・懷特的需求可能是什麼。碰了釘子的克拉克——以超人身分——偷聽了這個潛在客戶的電話，終於明白，惟有滿足需求，終能贏得總編對他的關注。

假設你的老闆正在爭取一個新客戶，比如凱曼公司。你希望他能任命你去完成這項任務。你若是這樣請求他：「這份工作對我的事業生涯意義重大！」恐怕讓你失望了，你的事業對老闆而言並不在他的需求清單上。所以，你必須著手處理老闆的需求才能贏得關注：「克萊恩先生，我為凱曼公司的資產組合設計了一些新想法。您願意現在看看嗎？」

現在，你就得到了你的潛在客戶的關注。注意這個過程由兩部分組成：一是直接陳述潛在客戶的需求——「我為這個公司的資產組合設計了一些新想法」；另一部分則是一個問句，讓你和潛在客戶的關係從「關注」邁向AIDA過程的第二步。

贏得關注本身不足以達成推銷，你現在需要把「關注」發展為「興趣」（Interest）。這就需要你向潛在客戶解釋你將如何滿足其需求。在這個例子中，你需要簡明扼要地闡述關於公司資金控制的想法。同時，你還要一邊說明一邊提問：「我覺得這個辦法好像能夠有效地控制成本，您覺得呢？」以確保潛在客戶的參與。

推銷是一種說服的活動，而說服則是如何將「我」和「你」轉化成「我們」的學問。藉著發問，你可以將獨白變成對話，「我對你講話」就變成了「我們在交談」。

興趣的擴展是以關注為基礎，然而要完成推銷還有關鍵的一步。你必須使你的「商品」讓人無法抗拒。也就是說，你必須將「興趣」轉化為「欲望」（Desire）。

透過向潛在客戶展示購買你的商品所能獲得的收益，你可以將興趣轉化到欲望。

針對你剛才的問題：「您覺得呢？」你的老闆可能會

說：「我覺得這可能會有效。」

這就是你撬動他欲望的支點。

「我也這麼認為。這個方法不僅僅能節約成本，也能善用我們現有的資源，效果將是持久的。凱曼公司會希望在此期間跟我們獨家合作。我們不僅具有成本優勢，還可以保證至少四季的高銷售表現，甚至更久。」

誰能夠抵擋這一切呢？現在進入最後一步。我們已經燃起客戶的欲望，接下來要怎麼做才能實現欲望呢？那就是AIDA的最後一步：行動（Action）。直至這一步，推銷過程才算徹底完成。關注、興趣、欲望都是正面的，但只有行動才能實現一切。

提出你的行動方案，來完成推銷演說，在銷售實際商品時，只要求你提出售價；而在推銷昂貴的商品時，在「行動」這一步通常還需要討論「方便的融資條件」。即使是在推銷創意而不是實體產品時，你也需要告訴潛在客戶，將如何使他的欲望得到實現。具體來說，就是要提出一套可行的方案，來實現該創意。

盡可能清晰明快地提議：「請允許我將這個想法做成一份書面報告，將提案送交凱曼公司。」

超出銷售範圍

AIDA是一項推銷商品或觀點的有效手段，然而光靠它還不能完整有效地完成推銷。太多的公司向員工宣揚無條件無節制的推銷，讓他們誤認為沒有什麼事比完成銷售更重要。

這樣的想法是錯誤的。儘管完成銷售十分重要，但銷售本身的重要性仍然不能與客戶相比。一定要時常提醒自己：所有的事業都是服務人們的，狹隘地關注銷售是一種短視的舉動，它跟服務人的宗旨相違背。生意總在不斷變化，而人卻相對穩定。

因此，與其關注於完成銷售，不如關心如何讓客戶產生信賴，讓「銷售事件」變成「銷售過程」，單一買賣就變成了可持續的業務關係。

首都網絡

問任何一個超人迷，哪怕是那些最業餘的，他們都知道超人的家鄉就是首都。超人在1938年初次與觀眾見面，而他的家鄉則出現在1939年末《動作漫畫》第16輯（1939年9月）裡。從那以後，提到超人就不能不想起他居住的城市。

這並不是說，超人的活動範圍從來不超出這個城市。必要時，他也會長途跋涉，甚至跨越整個地球，但是他最強的關係網絡還是集中在首都。在這裡，他的影響力最大；同樣是在這裡，他最受人們的尊敬。如果我們的超人也面臨「超級英雄事業」，那麼生活在這裡的人們就是他最好的客戶了。

有許多人會發現，一種「新客戶狂熱」的工作觀給我們帶來極大壓力。這種觀點認為客戶是舊不勝新，越新越好，就好像最好的客戶永遠是那些你還沒有擁有的一樣。事實上，最好的客戶就是現有的客戶，而贏得潛在客戶的最佳辦法就是現有客戶口耳相傳的宣傳效應。客戶是商業的核心資產。我們一定要培養這個資產，培養與客戶的關係，培育客戶對自己的信任。這樣一來，銷售業績就可以持續不斷地自動擴展。

這種經營理念既適用於外部客戶，也適用於內部客戶。只要能使這兩類客戶滿意，就能為自己在職場上爭取到發展機會。在公司內部，你與直屬主管的正面關係層層過濾延伸到管理層，很快地，「首都」的所有人都會知道你的大名，以及你所具備的能力。

社區

對於「辦公室超人」而言，「首都」具有三個層級：最內圈是「鄰里」之間——包括辦公室裡的部屬、同級和上司，這些都是內部客戶，是你每天必須相處在一起的，向他們推銷自己的觀點、提供價值並得到回應的人。

內圈之上的層級是由外部客戶組成，他們是一些與你的公司從事業務往來或者預期有業務往來的人，是你的公司進行實際推銷的對象。

最外層就是所謂的社區，包括內部和外部客戶，以及那些從來不向你們公司購買產品的人。

對於公司的員工和公司本身而言，生意就是生意。對於整個商業社區而言，公司則成了一個居民。「辦公室超人」從來不會忘記整體社區，他總是尋找促進商業合作的方式，使自己成為一名優秀的「公民」。

作為公司的一員，你需要積極尋找合適的方式，使自己的公司能夠參與社區事務，例如努力為慈善和社區事務募集資金；努力發現並致力於推行能夠提升公司形象的事。讓你的上司注意到這些事務。這是一個透過公益來達到優秀績效的範例，它能讓你同時成為商務領袖和公眾領袖。

「辦公室超人」不僅僅能夠適應三個層級的「首都」，他還參與創造自己工作和生活的社區環境。使內部客戶和外部客戶滿意，實現自己在公司內部的成功。介入社區公眾事務，他不僅推進了公司的繁榮發展，還使公司賴以生存的社區環境得以改善。在每個層級，「辦公室超人」都表現優異，成功唾手可得。

超人的「X射線眼」

1895年，德國物理學家倫琴（Rontgen）在實驗中發現了一種放射流，它不僅能使物體發光，還能穿透各種物體——木材、紙張、鋁，甚至是人的手掌！由於這種新型放射流看上去不像光，且十分神秘，他就用數學家和科學家經常描述未知量的字母來為它命名：X。

X射線一經發現就被運用在醫療專業，隨後被應用在工業生產。它成了透視人體或機械結構的工具，不需要肢解或切割就可以透視物體。1940年代初期，超人在連載漫畫中使用他的透視能力時，X射線的運用已經十分廣泛，並早已被任何有就醫經驗的人所熟悉。當時，就連鞋店也經常配備掃描器，提供即時X射線照射，保證每個客戶都能買到合適的鞋子（不用說，放射性物質嚴重超標）。

儘管人們對X射線技術已經非常熟悉，它仍然令人著迷，特別是對《超人》系列的讀者來說。X射線並非超人的雙眼所具備的惟一能力，他的「千里眼」可以看到數百萬英里以外的物體。例如，在《超人》第18輯（1942年10月），超人——以克拉克·肯特的身分出現——訪問了一位知名的天文學家，後者透過巨型望遠鏡研究一顆可能對地球造成威脅的一行星。「然而，天文學家並不知道，克拉克的視力比望遠鏡還要強，他的目光掃過這顆星球表面，就像顯微鏡一樣看得清清楚楚。」提到顯微鏡，超人的這項能力也在「現代羅賓漢」(《超人》第22輯，1943年6月）中，有詳細描述。他使用「超級顯微視覺」的能力，從一張幾乎完全燒焦的紙片上探測並解讀出原先的字跡。

超人可以將幾種視覺超能力結合起來。在「美國的秘密武器！」(《超人》第23輯，1943年8月）中，他使用了「千里透視眼」，將「目光穿越群山，就好像它們只不過是透明的鏡片罷了」。另外，他甚至可以將雙眼變成高速攝影機，在「閃電小子」故事中，他用雙眼追蹤將首都搞得一團糟的愛神，「只有克拉克的超級視力才能夠看到這個搗蛋鬼。」

洞察力

視覺——更準確地說是超級視覺——總是令我們著迷。神話傳說裡的各種「先知」，他們能洞察不可見的領域，甚至看到未來的發展。所有的宗教都認為神具有「看到一切」的能力。甚至在我們的日常對話中，與視覺有關的暗喻也比比皆是，用來描繪理解、知識以及由理解和知識所產生的力量。「我看到了」(I see）其實是說「我懂了」；我們用「目光如炬」或「敏銳的洞察力」來描述聖人。母親告誡說謊的孩子：「我早就把你看穿了！」我們用「換個角度看問題」得到「新的見解」。我們甚至會向他人請教問題，以獲得「不同的觀點」。

最有可能成為領袖的是那些「看得最清楚」的人，而這也正是「辦公室超人」要注意的問題。他必須致力於培養自己的洞察力，即理解他人、明白他人的需求和動機，並從他人的角度看問題。超人非凡的視覺是與生俱來的，而「辦公室超人」則必須努力培養他的洞察力。

跡象和信號

在本書第六章，我們談到了在任何演講非語言因素的說服力占了93%的作用，其中視覺效果占55%，語氣、音調以及抑揚頓挫則有38%的作用，而僅有7%是由語言文字本身造成的。就像一個人可以透過肢體語言來傳遞恰當的非語言性訊息一樣，我們也可以經由敏銳的觀察來發現他人傳遞的非語言性訊息。

這觀點一點也不新鮮。每個人每天都在「讀取」其他人傳達的訊息。例如，你向同事求助，請對方支持你的一項富有爭議性的報告，而你馬上要將這份報告呈給上級。

「喬，我可以請你幫忙嗎？」

「當然。」對方回答道。

這是個簡單的回答，然而它的實際含義卻與說出這句話的方式密切相關。說這話的人可能同時露出笑容並與你握手。笑容既可以是大方自然的，也可以是拘謹、生硬和虛偽的；握手的感覺既可以溫暖堅定的，也可以是濕黏冷淡的；答話的語調既可以是低沉、渾厚的肯定語氣，也可以是虛弱、小聲的僵硬語氣，就好像在反問而不是表達肯定。你的同事既可能是與你四目相對，也可能是目光游離，或低頭看著地板。說話時可能伴隨了手勢，如兩手攤開，雙臂輕展，像是遞出一份禮物給你，也可以是手托著下巴，或抓耳撓腮。

是的，「當然」這個回答本身通常不是那麼絕對，必須將它與肢體語言、語音和語調結合起來，才能真正洞察他人真實的想法。你也就擁有了「透視眼」。

進入你的「空間」

假設你和一位同事必須合力完成某項重要計畫案。第一步是確定誰將承擔領導責任。你希望獲得這個機會，但又害怕這是個困難的協商。這時你需要以敏銳目光，衡量他人的態度。因此，在交換意見之前，請開啟你的「透視」功能。

當我們進入一個房間，一間辦公室甚至是一個座位的方式——如何接近彼此——都傳達著某種信息。

- 你的同事是急急忙忙地向你走來，還是緩緩而來？是一副不情願的樣子，或是猶豫不決的態度？是邁開大步，還是踱著步子走過來？
- 他是抬頭挺胸，還是低頭哈腰？
- 他走過來時目光與你直視，還是眼神游離？
- 他的雙手自然垂放身體兩側，還是插在口袋裡或是放在背後？用手捂著嘴，抑或緊張地撓著頭髮？
- 他是在微笑？皺眉？做鬼臉還是緊咬雙唇？

「進入」本身就是一種宣言。它不僅宣告了來者何人，進入的姿態還顯示了某些線索。它不會告訴你磋商的結果，但是會提供關於對方心理狀態和態度的訊號。它會幫你看清楚對方接近你時的感受。它使你能夠準確把握對方的自信程度，並了解你即將提出的提議有多大可能會被對方接受。

每個人都知道，優秀的撲克選手能夠看穿牌友的動向，就像配備了超人的透視眼一樣。但是這種能力一點也不玄幻。經驗豐富的選手會細心尋找所謂的「信號」，用來猜測其他人手中可能持有的牌面。

這樣的信號不僅出現在牌桌上，也出現在職場上。你不妨注意以下信號：

- 拖著步伐，一副猶疑不決的神情。這沒有什麼好奇怪的，如果某人看上去猶豫不決，說明他內心也是如此。他或許根本不想接近你。
- 腳步迅速，神情堅定。他正急於和你交談，並有信心獲得對他有利的結果。
- 走近時不停地抓耳撓腮。這表示對方內心充滿焦躁，可能正處於惶惶不安的狀態，甚至想要隱瞞什麼事情。
- 看著你，自然地微笑。這表明對方見到你很高興，並樂於展開討論。
- 雙手塞在口袋裡或是交叉橫在胸前。這顯示對方帶有抗拒心理，可能他想保住自己的既得利益，抗拒變革，或對於建設性的磋商持抵制的態度。
- 低頭而不是目視前方或與你對視。表示對方十分緊張、焦慮甚至是心存恐懼。這樣的人可能需要你的安慰和鼓勵。

在對方進入你的空間——你的辦公室或隔間座位時，你可以根據他的表現來推斷其心理狀態。例如，他是否反客為主，不經邀請就坐了下來？還是等著你說「請坐」？如果你沒有立即請他坐下，他是否會問「介意我坐下來嗎？」還是就尷尬地站著，等候你的允許？這些與其說能顯示對方的教養，不如說能揭示對方的心態。

初次接觸

如果說商業會面中有所謂的第一次溝通的話，那肯定是握手了。這個舉動可以有意無意地傳達某些寶貴的訊息，讓我們明白對方對自己和對會談主題的看法。如何「解讀」握手？很簡單，只需要回想一下握手給你帶來的感覺。

- 溫暖、堅定的握手，說明對方樂意、甚至是急於與你交談並處理事務。
- 綿軟、像死魚一樣的握手，說明對方缺乏熱情，或者心存猶豫、懦弱或害羞。
- 黏滑、冰冷的握手，說明對方十分緊張或膽怯。
- 像老虎鉗子一樣緊抓不放的握手，說明對方心存挑釁，想讓你對他產生畏懼。

我們很容易把握手視為一種可有可無的商業禮節，如果這樣做，我們恐怕會失去很多有用的訊息。你既然密切關注對方的言談，就應該用相同的熱情來注意對方與你握手的方式，以及你對此的感受。

接受信號與抵制信號

當你正在進行一項推銷或與人談判時，對方大多數情況下只是傾聽，而不發表任何意見。在這種情況下，你如何了解對方的心態是熱情還是冷淡？非語言線索可以成為完美的「晴雨表」，經驗豐富的推銷員善於從潛在客戶的動作表情來搜尋所謂的「接受信號」：

- 對方從座椅上探身向前。屬於接受信號，他喜歡你的言論，或者至少感到興趣。

- 睜大雙眼。屬於接受信號。
- 摩拳擦掌。接受信號，顯示他已經迫不及待了。
- 自然的微笑。接受信號。
- 堅定的點頭。接受信號。

與接受信號相反的則是抵制信號。看到抵制信號的時候也許你該轉換話題或直截了當問對方：「請問我是否沒有解釋清楚？」或者「您對這些內容有疑問嗎？」

請留心以下抵制信號：

- 坐著的時候雙腳不停地交錯，或緊張地移動雙腿。抵制信號，顯示對方想要站起身來離開。
- 搓揉前額或後頸。抵制信號，顯然對方很惱火或是茫然不解。
- 以手掩面或掩口。抵制信號，顯示對方心存焦慮。
- 搖頭。抵制信號。
- 做退縮狀。抵制信號。
- 雙手交叉置於胸前。特別強烈的抵制信號。

風格

我們需要面對的現實是，任何人都不可能擁有透視眼，那是超人的專利。但是如果你願意的話，可以「冒充」你有這種超能力。你只需要在看某種事物之前充分了解其內在本質。例如，你可以看著一支機械鐘，然後告訴別人，你的透視眼看到了鐘裡面是一堆機械零件和彈簧。你還可以盯著一顆南瓜，然後告訴大家，裡面是一大堆汁液和瓜籽。這個把戲很簡單，只要你事先知道你所看到的東西內部究竟有什麼。事實上，由於你經歷很多事，你確實知道許多事情的本質。在這種情況下，你就能輕而易舉地「偽造」透視眼了。

你也可以利用此道與人交往。你的確不能「看穿」他們，也不能憑著一次握手就洞悉對方的一生。可是，你可以利用自己與人交往的經驗，以及他人的經驗，去估計與你日常交往的人的「內在本質」。

所謂的「內在本質」就是風格。

任意翻開一本《超人》漫畫，你就會發現超人在特定的情境中會採取特定的方式行事，其他角色也是一樣。超人總是在危急關頭挺身而出，而克拉克．肯特就比較沉默慎重。進一步觀察，如果給露薏絲．連恩出難題，她一定會鼓起勇氣克服；給吉米．奧爾森一個機會，他就會表現出孩子氣的輕鬆情緒，顯示出急於成事的心態；派瑞．懷特與記者談話時，辦公室裡一定會充滿他那聞名於世的暴躁脾氣，最多摻雜著一些展現信心、鼓勵和宣揚記者行業原則的教條。當然，這一切並不意味著《超人》漫畫裡的所有人物形象都是一成不變的。要編一個好故事，人物形象就必須充滿變數。因此，好的作者會安排情節發展出乎讀者意料。然而，在大多數情況下，他會保持角色在行動和反應上的一致性，即「符合角色形象」。

超人故事之所以賣座，就在於角色的特徵是可以預期的。現實生活中，人們與小說人物不同，「角色特徵」變成了「個性」，但也或多或少是可以預期的。當個性被放在狹隘的商業領域討論時，我們對個性的理解增強，這種容易被理解的「個性」，我們一般稱之為「個人風格」。

風格的一貫性

21世紀初，世界總人口達到65億，其中每一個人都是不同的、獨特的個體——至少從某種意義上來說是如此。

儘管沒有兩個人是完全相同的，但人類的行為，特別是在某個特定情境下的行為，還是可以按照其迥然不同的風格來分門別類。如此一來，我們在思考與同事、部屬或主管的共事時，就無需從65億種不同方法中逐一選擇。你可以有以下至少四種選擇。

在提倡績效的工作場合——如辦公室——大多數人按照以下一種風格來行事：

審慎型（Cautious）。這類人具有高度責任心，他牢記規章並恪守無誤。他辦事有條不紊，將一切都處理得井井有條。他的談吐慎重嚴謹。他說起話來可能慢條斯理，甚至顯得猶豫不決，因為他總是三思而後言。這樣的人往往是任性胡為者的反面。

審慎型的人注意任何細節，對其他人的工作要求也很高。他喜歡聽取匯報，喜歡詳盡的規劃方案，希望所有與工作相關的內容都以書面形式記錄。他最喜歡獨自工作，因為他知道，其他人可能令他失望，唯有他自己是值得信賴的。

說服型（Persuasive）。如果審慎型給同事的印象是含蓄內斂的，那麼說服型則是平易近人，易於共事。他喜歡說話，總是興高采烈、充滿活力，大方而樂觀，在群體中發揮影響力。

主導型（Dominant）。符合這種特徵的人充滿激情，決策迅速，甚至時常魯莽行事。他希望領導他人，喜歡快速行動，根本不管方案是否成熟。他大膽而激進，是小組內的領導者，也是最先開始行動的人——經常有點莽撞。在談話中，他直言主題，不拐彎抹角；在爭論中，他一針見血。與說服型不同，他很少肯花時間影響或說服他人。他只是告訴別人應該做什麼。

輔助型（Supportive）。具有輔助型風格的人努力適應他人，避免衝突，並達成合作。他們執行命令，很少提出質疑。他們能夠耐心地傾聽他人意見，除非十萬火急。輔助型的人善解人意，平易近人，熱情而溫和。他們被大多數人稱為「好人」。

我們是否可以說，主導型永遠都處於領導地位，而輔助型永遠都處於輔助地位？答案是否定的。在某些情況下，說服型的人甚至會變得害羞和膽怯。然而在大多數商業場合，人們的表現都會徹底符合這四種風格——說服型、主導型、審慎型或輔助型——其中一種。一旦你成功「看透」某人的風格，你就擁有了超過常人的眼光。

說服型風格

如果把每日與你相處的人看成是你的「客戶」，很自然下一步就需要考慮如何與他共事，保證他對你感到滿意。只要是商業人士，都希望能使他們的客戶滿意。讓客戶滿意是所有生意人的共同目標。

要讓客戶滿意，就必須理解他真實的需求。具有說服型風格的人在工作中需要也希望得到他人的注意；他友好隨意，當然也希望對方能夠報以同樣的態度。他是個說故事大王，因此也需要對方善於傾聽。他喜歡友好的感覺，並欣賞幽默的言談。總體來說，他比較樂觀，因此對那些憤世嫉俗或懷疑主義者反感，特別不喜歡悲觀主義者。

說服型的人希望他人贊同自己的觀點。因此，他渴望他人能認可他的成就，也很在意別人的拒絕或批評。

與這類型的人共事，你一方面應該滿足他的需要，使工作更具成效，同時又必須注意不要過分遷就他們身上的負面性格。特別需要防範的是，說服型風格的人可能過度推銷他們的想法。一般說來，他會傾向於忽視或掩蓋問題，不管問題是已經存在的還是潛在的。這種風格的人在很多情況下顯得過分樂觀，當你與他共事時，既需要鼓勵他，也需要對他的熱情適當地澆冷水。切記，所有的批評都要就事論事，而不是直接針對他的個性。

主導型風格

與主導型風格的人共事，並不意味著你一定要順從或屈從於他的主導。與此相反，具有這種風格的人也不一定期望別人惟命是從，反而是欣賞開門見山、直言主題的辦事風格。與說服型的嘮叨不同，主導型者通常簡單明快。他僅僅關注結果，並希望以最簡單的途徑達成目標。

如果你希望滿足主導型的人，溝通時切記簡短扼要，不要說些不痛不癢的客套話，也不要偏離主題。隨時顯示自己的能力和獨立性，確立與對方平等的地位。

與主導型相處時，對他們的莽撞和大剌剌的號令要做好心理準備。對方可能顯得不是那麼友善，甚至是粗魯無禮，那是因為他通常不在乎別人對自己行動的反應。不要白費力氣去「改正」他，因為他的風格本就如此。同理，也不要因此氣惱或分心；要學會與這種風格的人共事。

審慎型風格

與審慎型共處最大的風險在於，很多情況下我們會忽略他們的特點。他們文靜，有條理，又謙遜，這些常常導致我們對其視而不見。然而，他們十分看重精確無誤，關心細節，因此，對任何事業來說具備高價值的貢獻。

與主導型相似，審慎型的人對客套話和社交圈子沒什麼興趣。但與主導型不同的是，他並不急於對事情下結論，也不急於獲得最終的結果。跟他共事，需要允許他作充分的準備、制定方案並對現有的方案提出質疑。一定要保證所有目標和任務正確無誤，不要跳過任何步驟。讓對方深信你是值得信賴的，最重要的是強調你無論從事任何工作都能達到最佳成效。

創新可能會令審慎型風格的人感到不快，所以請使用現有的、歷經實踐檢驗的工作方法。避免空談，也不要急於歸納或使用毫無根據的言辭。審慎型會因為對方條理不明而感到焦躁，因此你必須詳盡完整地解釋自己的觀點，向審慎型的人保證，你一定會抽出時間專門對自己完成的每一項工作進行品質控制和檢驗。

輔助型風格

正如名稱所揭示的那樣，具有輔助型風格的人易於相處，甚至會讓人樂於與他們共事——至少在大多數情況下如此。不過，在危機時刻，他們可能突然顯得退縮不前。也就是說，輔助型風格的人也是害怕惹麻煩，所以逃避現有的問題，以避免與他人爭論，哪怕對方的觀點或行動是錯誤的。如果局勢確實處於千鈞一髮的狀態，一直壓抑自己意見的輔助型可能會由於感情失控而突然爆發。當然，這是任何危機管理者都不希望看見的。

不要濫用輔助型的同事。最佳做法是以富有合作精神的、平易有禮、賞識的態度與他相處。輔助型風格的人對有條不紊的行事風格特別配合，穩定性對這類人具有重要意義，因此需要避免引入不必要的變革，或是僅僅為了創新而創新。盡可能多提供訊息給他，並時常贊許他的成就。

避免對這類人施加壓力。輔助型的人往往急於滿足他人，但不喜歡處於高壓狀態，特別是過於急促的截止日期。

看哪，在天上！

超人與視覺相關的超能力都具有一個共同特徵，那就是，超人願意超越自身狹隘的局限，看到他人的需要。

同樣地，「辦公室超人」也需要具備這樣的主觀意願。如果沒有這樣的意願，就無法取得商業上的成功。為了成功，你需要志存高遠，也要關注身邊每一個人。然後，你就可以展翅翱翔了。

善用「意念力」

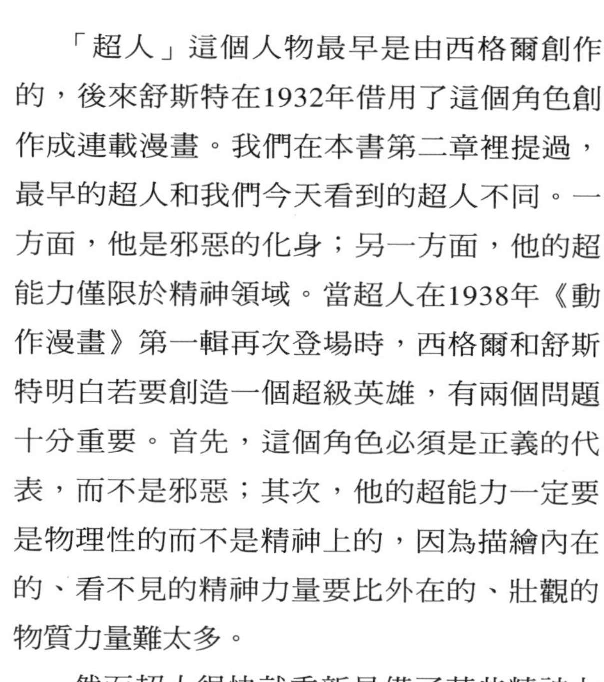

「超人」這個人物最早是由西格爾創作的，後來舒斯特在1932年借用了這個角色創作成連載漫畫。我們在本書第二章裡提過，最早的超人和我們今天看到的超人不同。一方面，他是邪惡的化身；另一方面，他的超能力僅限於精神領域。當超人在1938年《動作漫畫》第一輯再次登場時，西格爾和舒斯特明白若要創造一個超級英雄，有兩個問題十分重要。首先，這個角色必須是正義的代表，而不是邪惡；其次，他的超能力一定要是物理性的而不是精神上的，因為描繪內在的、看不見的精神力量要比外在的、壯觀的物質力量難太多。

然而超人很快就重新具備了某些精神上的超能力。例如，在1940年春出版的《超人》第四輯中，克拉克．肯特擁有意念控物的特殊能力，能夠「暫時讓心臟停止跳動」。這種精神念力的小把戲後來被多次使用，只要克拉克發現自己有必要裝死時就會這麼做。

從1940年代到1950年代，超人被賦予了許多新的精神能力，包括超級記憶力，像電腦一樣迅速計算和處理數據的能力，存儲和提取大量信息的能力，還有各式各樣的心靈感應術。這其中最有趣的是超級催眠術。1941年1月，克拉克為治療露薏絲・連恩的失憶症對她進行了催眠（《動作漫畫》第32輯）；1941年2月，他再次使用這項能力，這次是為了形成失憶，這樣克拉克就可以將露薏絲從大火中解救出來而不致泄漏自己的身分（《動作漫畫》第33輯）。催眠的超能力在1941年8月被提高了，克拉克・肯特同時催眠了曾將他掠為俘虜的整個印第安部落（《超人》第11輯）。

超級催眠術在1940年代到1950年代的故事中以各種形式反覆出現，在1965年5月的「秘密身分的遊戲」中達到高潮，在這一輯裡超人甚至自我催眠，透過「超級精神控制」改變了自己的腦波結構。

超人的精神能力還不止這些。到了1990年代，超人似乎又重新變回當年的純意念超人。在「家園」（《超人：鋼鐵之軀》第96輯，1999年12月）這個故事裡，克拉克・肯特／超人遇上氪星始祖，後者沒有與超人展開肉搏戰，而是在「意念力」的精神層次做了一場殊死搏鬥。

「意念力」是一種來自氪星古代精神力門派「念力門」的修行方式。超人研究了他復原的氪星資料，發現「念力門」要求修行者達到內在的「冥想狀態」，即精神上的完全平衡。「意念力」的技巧則是使肉體達到完全放鬆的狀態，充分釋放意念力。對超人這樣的超級英雄來說，這也是頗費精力的，尤其是超人仍然處於對氪星文化的學習階段，還沒有掌握「意念力」的精微之處。

超人一旦達到冥想狀態，就可以透過星際投射將自己的意識超出體外，既可以與其他同樣處於冥想狀態的人溝通，也可以在「魔幻」或「超感」級別上擊敗對手。「意念力」使超人可以將他自己投射到一個精神領域，並在此領域中複製自己的物理能力，在精神的擂台上與對手戰鬥。因此，「意念力」是一種強大的武器，不過它也有致命的弱點。超人不能遠距離離開身體，也不能在軀體外停留超過一個小時，否則就會筋疲力竭，魂飛魄散。更糟的是，他的意念離開肉體後就可能再也無法返回，被永遠流放於「超感」空間。

超人發現「意念力」和「念力門」的秘密後便回歸「家園」。「家園」在這裡不僅意味著超人經歷了一場與氪星歷史息息相關的歷險，還意味著他重回到最初的形象：1932年出版的、以精神領域為舞台的《超人的統治》。

回歸意念

「意念力」和「念力門」的出現讓超人故事回到了原點。同樣，「辦公室超人」也可以透過回歸到一些基本問題，行使「意念力」和想像力，營造適合自身職業發展的環境，獲得事業上的成功。

這裡的主題與前幾章略有不同。回想你上次從一位推銷高手那裡購買東西的情景。為什麼銷售成功？這個推銷員可能做了許多努力，他肯定做到了：以你為焦點——關注你的需求、你的顧慮和你的疑問。

世界上最成功的推銷員和我們一樣，承受著各種壓力：房屋貸款、信用卡帳單、車款、子女教育等等。這些都會促使他盡量多賣些產品，但他的關注點卻始終集中在客戶身上，而不是只顧著自己。他總是設身處地為客戶著想，了解客戶的需求、願望、疑問和顧慮。像這樣設身處地為他人著想的做法稱為移情，這就是「辦公室超人」的「意念力」——一種流傳已久的、被無數成功企業家採用的精神法寶。

善用移情術

移情一般指有意識地採用他人的角度看問題。移情只有在雙方都能夠確切把握彼此的觀點時最有效。它就像靈魂移植一樣，使人們能夠站在對方的立場思考問題。這個小小的溝通奇蹟不需要魔法，但是確實需要彼此之間具有和睦的關係。

和睦是指彼此互相信任和友善的感覺。它是慢慢累積起來的，通常需要幾年的時間。在克拉克和露薏絲之間就是如此。在《超人》早期故事裡，露薏絲總是瞧不起克拉克，而兩人真正發展成和睦的伙伴是在1950年代。當然，有時候人與人之間也可以一拍即合。例如，克拉克和吉米兩人從一開始就建立了導師和學徒的關係。

在辦公室裡，你既不可能付出幾年時間來培養和睦關係，也不可能寄望與同事「一見鍾情」。幸運的是，有許多方法可以增進並加速和睦關係的發展。

印象往往是透過語言形成的，因此有必要使用恰當的語言來增進和睦關係。做法實際上很簡單，你只需要注意盡可能使用第一人稱代詞——「我」、「我們」以及「我們的」。試圖讓每次對話都從「我」對「你」說，逐漸轉化成「我們」之間的討論。舉例如下：

「會計部門處理費用帳單的速度真慢！」你的同事向你抱怨道。

你可能這麼回答：「這對你來說確實是個問題。」

聽起來似乎很有禮貌，但事實上這樣的回答缺乏移情，因此不利於增進彼此和睦關係。

你可以這麼說：「這對我們來說確實是個問題。」這樣一來，你已在培養和睦關係上邁出了一大步。代詞的變化，表明你願意分擔對方的難題。

妨害移情的因素

我們將在第十九章專門探討如何改正工作上的錯誤或其他失誤。現在，讓我們利用一點時間討論個小角色。他是一個來自第五空間的小鬼，平生以戲謔超人為樂。他並不邪惡，但是喜歡惡作劇，將宇宙攪得一團亂。

他到底為什麼這麼做？很難找到確定的答案。小頑童就是一種混亂的因素，這種因素總是存在的。在「危險的空間！」(《超人》第33輯，1945年4月）中，提供了一些線索。在這個故事裡，他被描繪成虛榮自負的角色，「像精靈那樣自大」。

他具有極度自大的性格，完全以自我為中心，心智幼稚，卻擁有強大的超能力。我們可以將他看成和睦關係的破壞專家，因為沒有什麼能比狂妄自大更快速有效地破壞和睦關係。

自私、猥瑣會破壞使他人對你的印象。此類行為包括在辦公室使用侮辱性言語，或言談不得體；約定和會議總是遲到；穿著懶散，形容邋遢。不跟人打招呼是非常沒禮貌的行為，說明此人缺乏根本的教養，或者妄自尊大到了病態的地步。比這還要糟糕的是對他人的言談充耳不聞。有效的溝通是雙向的，而沉浸在獨白中的人容易被自大所控制，無法做到有效溝通，也必將破壞和睦關係的建立。

伸出援手

伸出援手可是超人的看家本領。不論是對首都還是全人類，超人永遠是終極救星。在這一點上，超人是「辦公室超人」的典範，因為後者的成功秘訣正是將自己塑造成不可或缺的解決問題專家、樂於助人的熱心人，成為工作中的「救星」。

在別人需要幫忙的時候提供協助，能夠迅速建立和睦關係，但快速建立和睦關係的方法，其實是主動向別人求助。當你的同事因為你的求助而感覺良好時，他們也會對你產生好感。求助是一種激勵性行為，「辦公室超人」從來不會羞於啟齒。

然而，「辦公室超人」是不會漫無目的地求助。在尋求建議或幫助之前，你首先必須確定哪些人可以提供你需要的幫助。要了解各人的職權範圍，評估他們的權力和受人尊敬的程度。判斷誰最內行，誰是重要決策者，誰是領導人，這些人正是你可以求助的對象。

做好規劃

拍攝精緻的電視連續劇一旦一炮而紅，可以播放數年。1970年代到1980年代早期，《MASH》好像怎麼播也播不完；1980年代，《喝彩》發生過相同的情況；1990年代則是

《宋飛傳》。這些電視劇當時反映熱烈，收視長紅，現在只有重播一途。是什麼原因使它們退出舞台？觀眾的熱情並沒有消褪，它們顯然不是因為收視率不足而中斷。

那麼究竟是什麼使它們銷聲匿跡的呢？

答案是疲乏，劇務人員不能一周接一周設計出新的劇情。即使是非常成功的連續劇，總有一天會缺乏新的橋段、新的故事情節，或是出人意料而又引人入勝的構思來打動觀眾。

就這一點，《超人》故事的劇情不斷發展，從不間斷，自從1938年開始以來，完全沒有停息的跡象。超人長篇故事就像超人自己一樣，好像擁有取之不盡的潛力。

生活也是這樣——至少商業領域如此。生活是無法預測，難以把握和捉摸的。「辦公室超人」十分珍惜生活中每天稍縱即逝的機遇，運用巧妙的方法，合理把握生活中的不確定性，使自己事半功倍。

把每個工作日視為一組方程式。方程式中既有已知數，也有未和數。當未知數越少，解方程式就顯得越容易。同理，如果能減少每日工作中的未知因素，那麼工作效率必將大增。

從自身做起吧。在開始一天的工作之前，你應該為當天列出一張目標和工作清單。那些列表既可以是期待完成的目標，也可以是需要解決的問題。接下來，逐條檢視，釐清你與每項目標之間的關係：你認識這些工作內容嗎？你期望得到怎樣的成果？為完成目標，你需要從他人那裡獲得何種幫助？

以下是一個簡單列表的例子：

1. 預估史密斯計畫的成本。

2. 向老闆報告該如何處理客戶瓊斯的帳單。

3. 與艾娜討論如何加快裝船出貨給Acme公司。

將這些待辦事項列出後，「辦公室超人」開始逐條分析：

1. 預估成本。我需要從帕克那裡取得數據，向她強調這項工作的重要性，因為如果我今天能估計出成本，就可以搶在競爭對手之前向客戶報價。這是非常重要的！

2. 向老闆提出報告。老闆最近一直對我愛理不理的。我覺得現在有個很好的創意，但我拿不準。我需要目標地區更詳盡的人口數據。

3. Acme公司最近一直向我抱怨出貨過慢。這讓我和公司都很沒面子。這個問題必須立刻解決。問題是，我該怎樣才能讓艾娜積極點？

現在，你不但認清工作內容，同時對它們的重要性以及做法胸有成竹。工作上的不確定性減少後，你會發現，跟老闆討論新想法可以在你得到更多數據後再提不遲；任務3顯然非常急迫，而任務1則是你首先要完成的。你了解各項工作的輕重緩急，想清楚該做什麼，以及要找誰幫忙，你對自己的「工作日方程式」就顯得更有把握。

意念控制

在早期超人故事的鼎盛時期中，超人用武力改變世界，他讓鋼鐵在手中彎曲，讓滔滔江河改道。而在近期的故事裡，超人則努力專注於精神領域。「意念力」就是這些努力的一部分，即完全透過精神和思想來改變世界。

以思想代替行動做為成功的推動力，這無疑是非常誘人的想法。「辦公室超人」在必要的時候能夠只利用「體力」工作就取得成功；但他也能利用自己的想法，影響他人，達到事半功倍的效果。他改造了自己的工作環境，同時也使自己每天的工作變得更加容易。這種「意念力」不需要氪星的坐標來指引，只要你願意採用更寬廣的視野，同時作出更詳盡的規劃。

真理、正義與道德操守

公元前333年，亞歷山大大帝率領大軍穿越安納托利亞（今天的土耳其），進入佛里吉亞（Phrygia）首都戈爾迪烏姆城（Gordium）。他被引導來到該城的建立者戈爾迪烏斯（Gordius）的戰車前，這輛戰車的車軛與車軸綁著一個複雜的繩結，上面的線頭完全隱藏在碩大的繩結之中。有人告訴亞歷山大，傳說能夠解開繩結的人將成為亞洲的統治者。

對於想稱霸這片大陸的霸主，這是一個棘手的難題。然而亞歷山大毫不遲疑地拔出寶劍，一劍斬斷了戈爾迪烏斯之結。

亞歷山大是歷史上第一個超級英雄嗎？就像超人一樣，亞歷山大遇到了一個非常棘手的問題，顯然超過了常人能力所及。但他也像超人一樣，以大膽果決的態度解決問題。

除此以外，超人和亞歷山大的作風完全不同。亞歷山大是一位傑出的將領，一位永不疲倦的指揮官，一位無畏的領袖。然而他的動機來自征服的欲望，不僅如此——至少野史是這麼說的——他征服的動機甚至就是為了征服本身。據說亞歷山大在臨死前慟哭流涕，不是因為他讓生靈塗炭，而是由於世界上已經沒有地方可以征服了。

與亞歷山大大帝相比，超人則是一位無私的英雄，所有的行動都建立在崇高的道德情操之上。道德這個詞的含義可謂汗牛充棟，讓我們借鑒亞歷山大劍斬繩結的做法，對道德下一個簡潔的定義：道德就是明辨是非，擇善固執。

核心的核心

無需解釋，道德情操是超人故事的核心。從一開始，超人就決定獻身於真理、正義和所有高尚的事業，鋤強扶弱。他從未懷疑過這樣的人生信條，儘管有時可能懷疑自己是否有能力實現這樣的理想。

「權力導致腐敗，絕對權力導致絕對的腐敗。」凡讀過超人的歷險故事，我們就不難理解，如果超人願意，他可以為所欲為，享受一切特權。他可以成為神偷，或是超級暴君；如果他想要的話，他不必做什麼壞事就可以成為世界首富。在《超人》第73輯裡，他一拳砸上一座煤礦的礦壁，高速撞擊將煤變成了鑽石。他冷冷地說：「鑽石只不過是煤經過高壓後生成的，我的拳頭只是加速了這一過程而已！」但超人使用超能力完全是為了他人，從來不是為了自己。

超人的一生可以用《福音書》（*Gospel*）裡的一句話來概括：「人就是賺得全世界，賠上自己的生命，有什麼益處呢？」道德就是超人的靈魂，他不會為了物質利益出賣自己堅守的道德。

道德是超人的靈魂，他的核心精髓。那麼道德的核心又是什麼呢？

回顧《超人》第一輯，故事一開始，老肯特就建議他的養子：「你的超能力千萬不能讓別人知道，否則他們會畏懼你的！」從劇情設計上，這句話解釋了為何超人要將自己的身分隱藏起來，過著雙重生活。這編劇顯然非常有趣，歷經70餘年仍然堅持不變。然而從道德的角度來說，這意味著說謊：整個超人故事就是從父親教育兒子如何撒謊——持續不斷地對所有人撒謊——開始的。

真實世界的道德

超人忠於絕對的善，近乎於聖人，這對讀者來說可能會產生問題。不完美的人是有趣的，而完美的聖人則多少顯得有點無聊。畢竟，我們中有誰能像聖人那樣完美無瑕呢？這裡雙重生活的主題就有了用武之地。它使得道德判斷變得有些含糊不明，在原來黑白分明的道德判斷之間加入了現實中才有的灰色地帶，將超人請下聖殿，扎根於現實的世界。

為超人的雙重身分正名，多年來占據了超人漫畫的許多篇幅，這說明了老肯特「引人畏懼」的擔憂過於簡單化，難以服眾，不足以解釋超人究竟為何要撒這個彌天大謊。所以，在「真假超人」(《世界最佳漫畫》第57輯，1952年4月)，克拉克的養父擔心，如果罪犯們知道超人的真實身分，他們可能利用他的能力做壞事。如此一來，解釋了超人為什麼要撒謊。在「超人生平」(《超人》第146輯，1961年7月)中，克拉克擔心放棄雙重身分會置養父母於險境，因為心存怨毒的歹徒可能對他們加以報復。

在其他一些故事裡，作者試圖用更含蓄和富有策略性的說辭解釋這個謊言。在「不可信的人」(《動作漫畫》第61輯，1943年6月)中，作者描述超人「化身於克拉克·肯特，發現這樣可以無聲無息地制止罪犯，揭露不公」。身分的偽裝能讓超人攻敵不備。在「真實的鏡像」(《動作漫畫》

第269輯，1960年10月）中，超人擔心如果露薏絲．連恩誤打誤撞地「發現了我的真實身分並公諸於眾，我那用來掩人耳目的身分就毀了。我再也不能以『溫良的』克拉克．肯特的身分對犯罪份子展開調查了！」確實，如果他的身分被揭露出來，超人又將不得不編造一個新的謊言，「花費幾年時間去設計一個新的身分」。

幾十年來，超人的作者們嘗試了各種創意，在這些假想的場景中，點點滴滴透露超人的真實身分。這些當然吊足了讀者胃口，而其中的傑作當屬1959年出版的《超人》第127輯中的「離開克拉克．肯特的日子」。在這一輯裡，目擊者聲稱克拉克．肯特在一次爆炸事故中喪生，而在雙重生活下飽受煎熬的超人也利用這時機甩開他的雙重身分，以超人的身分公開活動。他與吉米．奧爾森住在一起，卻發現無法躲開無休止的電話、好事者、崇拜者、趨炎附勢者以及各種各樣尋求幫助的人。這些已經夠折磨人了，而更糟的是知道超人的下落後，歹徒們引誘他掉進一個氪氣陷阱。

在故事的尾聲，超人不得不承認雙重生活的感情壓力比起偽裝帶來的益處還是可以接受的。他編造了一個說得通的理由，解釋為什麼克拉克．肯特沒有被炸死，而超人也因此能夠繼續過著他漫長的偽裝生涯。

付出代價

按照現實生活的道德觀，超人隱匿身分的做法是可以理解的。人們總是認為，哪怕是道德上有瑕疵，只要出發點是好的，也就無可厚非。

的確，又有誰沒說過「善意的謊言」呢？

假設你的同事泰德穿著一件亮黃色、印有豹紋的皮夾克，戴著一條小圓點領帶出現在辦公室裡，問你：

「喜歡我的新行頭嗎？這可是名牌貨，花了我不少銀子。」

此時此刻你能說什麼呢？儘管他看上去簡直就像個小丑，但你也不會不識趣地給他澆冷水吧。也許你乾脆就說：「泰德，我非常喜歡你的新衣服。」這當然不是真話，但它的動機是為了避免傷害同事的感情。這就是「只求目的，不問手段」的道理。

然而，這樣的善意謊言是否真的就符合道德呢？從短期看，說假話確實能保護泰德的感情，你也不必批評他的審美觀。然而，就長遠看，善意的謊言間接支持了泰德拙劣的品味，甚至有可能讓他從此變本加厲。長此以往，他每每穿著奇裝異服出現在工作場合，老闆、同事和客戶將作何感想？這對他的事業又將產生什麼影響？不僅如此，泰德和你一樣都代表公司，你看到自己的同事扮相拙劣，自己也會臉上無光，甚至事業都會受到影響。綜合短期和長期兩個角度，道德問題十分重要且難以解決。

即便是超人的作者，也不得不花費數年的時間努力解釋超人的「目的」是如何決定其欺騙手段的正當性。同時，超人的故事還引用很多例子說出超人為長期的謊言所付出的巨大代價。克拉克因為無法向露薏絲表明真實身分，一直受到痛苦折磨。

在「不受信任的人」(《動作漫畫》第61輯，1943年6月)中，克拉克懷疑露薏絲要嫁給花花公子克雷格．蕭（Craig Shaw)，以致焦慮不安，考慮是否要向露薏絲表明身分。克拉克心想：「我一定得贏得露薏絲，但我該怎麼做呢？以克拉克的身分求婚？這是不會奏效的。她瞧不起克拉克的懦弱，一定會拒絕的。我只能向她坦白我的秘密了！」

於是，克拉克徘徊在露薏絲的公寓門前，等著露薏絲約會回來。終於，她回來了。克拉克迎上前去說道：

「有件事情我一定得告訴你！」

兩人一起搭乘電梯來到露薏絲公寓的樓頂，氣氛也越來越緊張。

克拉克說：「作好心理準備啊，我要說的一定會讓你大吃一驚。」

但露薏絲很冷靜，當兩人走上屋頂時，她才問道：「你到底要告訴我什麼，克拉克？」

「聽著，我不是克拉克．肯特，不是你眼中的那個懦夫，我的真實身分是──超人！」

然而，事與願違，露薏絲放聲大笑──她完全不相信克拉克費盡心思隱藏的真相。既然言語已經失效，克拉克乾脆從屋頂跳了下去，以此證明他的超能力，但他卻落在湊巧經過的一卡車海棉床墊上；他又掏出手槍朝自己射擊，但手槍裝的卻是橡皮子彈；最不幸的是，他吐露真相的時機選在4月1日，讓露薏絲更加堅信不疑克拉克是個愚人節小丑。

儘管露薏絲不相信克拉克，事態的發展也沒有受到影響，因為露薏絲根本無意嫁給克雷格。克拉克於是得以放下心結，繼續保留自己雙重生活的秘密。

然而，超人的道德觀仍然對他人產生不利影響。在「露薏絲的六重生命」（*The Six Lives of Lois Lane*）（《動作漫畫》第198輯，1954年11月）中，露薏絲碰巧看到超人換回克拉克的裝束，因此大受刺激，出現了妄想症狀，幾乎為此精神崩潰。不幸的是，她那時正在為《星球日報》「世界名女人」欄目寫稿，於是突然開始相信自己就是佛羅倫斯·南丁格爾、貝特西·羅絲、巴巴拉·弗萊德西、安妮·歐克利、居里夫人以及伊莎貝拉女皇。

即使初衷是善意的，「彌天大謊」恐怕也無法永遠維持下去。假象會產生不平衡的狀態，無論是對整個社會還是一家公司，長期的發展都會趨向於平衡狀態——這意味著或早或晚，總有真相大白的一天。在幾十年的雙重生活後，超人的創作者們終於決定讓露薏絲知道超人的身分，因為超人堅信這是他和露薏絲結婚的前提。

就某種意義上而言，超人的表白讓超人故事重新獲得了平衡。然而，小說不是現實，精彩的關鍵就是戲劇性衝突。不平衡是推動所有故事發展的原動力，而皆大歡喜的結局是對衝突的釋放，回歸平衡。克拉克與露薏絲在1996年結為連理，露薏絲也就此加入超人持續已久的雙面生涯中。

就像超人的「彌天大謊」所宣稱的，道德經常繫於各種立場的價值觀，而不是基於某種絕對的原則。超人將秘密告訴自己的妻子，因為他相信婚姻不可能建築於謊言之上，即使是高貴的謊言也不行。但對世人，他仍然繼續著這個謊言。超人長篇故事中這個問題一直沒有明明白白地得到解決，我們是否該思索其中的真諦。

操守難得

超人的故事向我們揭示出許多偉大的哲理，其中反覆強調的一點就是：道德操守不容易實踐。為實踐道德使命，超人不僅多次以身犯險，還付出了巨大的感情犧牲。即使這樣，他並沒有做到完美無瑕，因為他必須採用雙重身分，也只有用「目的決定手段」才能解釋其正義性。這種道德模糊性帶來的壓力也使得道德的問題貫穿劇集。

如果實踐道德操守對超人來說都不是一件容易的事，那麼「辦公室超人」就更可能不斷遇到道德難題的挑戰。

林肯指出，誠實守信是最佳的政策。這點，無可辯駁，至少在抽象層面上是這樣的，然而在實際商業活動中，我們經常發現誠實並不是最佳的策略。

假設有個客戶要求你為一項專案報價。你估計完成這項工作需要四個小時，並據此提出報價。客戶同意這個價格，而你只用了三個小時完成它。你會因此少收客戶的報酬呢，還是按照事先議定的價格索取報酬？

如果你堅持誠信原則，那麼你將損失事先議定收入的25％。相反，如果你按照議定的時間交件，你將得到價值四個小時的收入，也沒人（除了你自己）會知道你實際上只花了三個小時。

在這個案例中，堅守道德原則在短期內會讓你蒙受損失，這是一個商業常識。但做生意不能靠「一次買賣」來維持，更不用說繁榮昌盛了。一項生意要持續發展下去，必須有長遠的眼光。即使自己可能蒙受一些短期損失，也應該誠實地對待客戶，因為從長期來看，你的道德操守會提高你的信譽，最終為你帶來回報。

正確決策

明辨是非並不難，但由於商業決定通常需要權衡利弊，且關係到多人的利益，道德決斷的問題就顯得更加複雜。

與重大商業決策一樣，道德問題需要審慎考慮。當前的壓力可能迫使你迅速決策，只著眼於權宜之計或一時之利。同時，許多與道德問題有關的情況往往與感情衝動有關，你可能因為「感覺對了」而不顧危險。然而，真正的道德行動總是著眼長期，並能考慮到所有相關者的利益。在決定之前，必須考慮決策對老闆、部屬、同事、客戶、股東和大眾的影響。

符合道德原則的決策必須恰當合理地解決現有問題，但同時也必須考慮長期目標、公司政策以及其他明確提出的道德原則。這樣的決策可能犧牲短期目標，但絕不能以道德原則和長期目標為代價換取短期利益。

一切正確的商業決策都建立在可靠的數據和事實基礎之上，涉及道德原則的決策也是如此。在充分掌握事實之前，不要急於行動。符合道德原則的決策必須是公平的，而只有在你從所有決策相關人那裡充分掌握可靠訊息之後才能作出決定。

列出所有可能的行動，然後從中作出選擇。對於列出的每個選項，深思一下受該決策影響的人可能面臨何種後果。

進行透徹有序的思考，就有可能從眾多可行方案中挑出最合理的。如果你還是難以決斷，可以按照下面這個「黃金法則」：問問你自己，如果是你自己被決策影響，你會傾向於哪一種，然後採取此決策。同時要牢記，你不需要獨自作出決定，可以請教那些你尊敬的人。

設身處地

在作出任何道德決策之前，一定要設身處地為他人著想。如果你認為他人可能無法接受你的提議，建議你重新考慮並作出修訂。

評估附屬損失

「以無傷害為優先任務。」被醫生奉為圭臬，我們也可以從這條誓言中獲得借鑒。作出道德決斷之前，首先考慮是否有人會因為你的行動受損。堅守道德原則的決定可能會造成一定的損失，但它創造的收益肯定比損失更大。

躲得了一時，躲不了一世

在執行與道德問題相關的決策時，一定要為其後果負責。不要試圖逃避責任，一定要自始至終關注決策的後果。很少有絕對的或不可逆轉的決定。透過監控決策的後果，你可以在必要時作出調整，並解決任何可能出現的問題。

名譽之環

符合道德原則的行動和決策是你能提供給那些與你共事的人的寶貴財富之一。這些財富就像一個企業所製造的產品，由他人擁有並造福於他人，然而你的名譽仍然屬於你。無論職位、職務、環境怎麼變化，你都保有自己的名譽。這對於老闆和客戶都是彌足珍貴的品質。

名譽由許多品德組成，包括誠實可信、正直、忠誠、公正和勇於負責。

誠實可信是令人信賴的品質。意味著老闆和客戶可以依賴你來完成自己的任務，且無論你的承諾是什麼，他們都會表示信任。

正直是真誠待人的品質。正直的人按照信仰行事，而不會屈從一時的權宜。

忠誠是你與利益關係人之間的牢固聯繫。這些人包括你的部屬、同事、老闆、客戶以及公司賴以生存的大眾。

公正是根據充分的訊息不偏不倚地進行決策和評價的能力和意願。公正的決定符合所有人的利益，適用合理的、適度的，同時也是真正具有建設性的改正措施。

勇於負責是指勇於為自己的行動承擔責任的意願和決心。它決定了名譽的品質。

不顧名譽的決策想要符合道德原則，這是很難實現，甚至是不可能的；然而名聲是在不斷貫徹道德原則的過程中被培養和顯示出來，它是循環性的，道德行為也是如此。

超人的名譽來自他的行動，而他也為行動負責。「辦公室超人」也適用這一點。他的道德操守受到與他共事的所有人的尊敬和欣賞，而他的名聲同樣需要一貫的道德行動來建立和證明。

注重禮儀的細節

「真假超人」並非超人故事的主題，但這個題材卻反覆出現。多年來，有將近20個人類或非人類的與超人外形酷似的角色在《超人》漫畫裡陸續登場。第一個出場的是「王牌記者克拉克．肯特」（*Clark Kent, Star Reporter*）（《超人》第36輯，1945年10月）中一個被稱為米格斯（Miggs）的暴徒。接著是「克拉克．肯特警長」（*Sherrff Clark Kent*）（《世界最佳漫畫》第30輯，1947年10月）中出現的「岩灰」幫的一個小混混，還有「克拉克．肯特的孿生兄弟」（*Clark Kent's Twin*）（《超人》第67輯，1950年12月）中亮相的鋼鐵工人喬。另一個與超人酷似的角色是在「超人的秘密」（*The Secrets of Superman*）（《動作漫畫》第171輯，1952年8月）中登場的記者傑克；一年後在「匪徒克拉克．肯特」（*Clark Kent Gangseer*）（《世界最佳漫畫》第63輯，1953年4月）裡，犯罪組織的殺手德拉普又與超人長相類似。隨後，在「四枚超人勛章」（*The Four Superman Medals*）（《動作漫畫》第207輯，1955年8月），超人利用一位患有失憶症並與他長相酷似的市民代他出席一場頒獎典禮，當時超人和克拉克．肯特都是嘉賓。

超人的同盟者蝙蝠俠也在「無人記得的蝙蝠俠」(《世界最佳漫畫》第136輯，1963年9月）中遇到過一位和自己長相神似的人。在「超人大模仿」(*The Great Superman Impersonation*)(《動作漫畫》第306輯，1963年11月）中，超人還曾經收服一個叫做馬努爾的人充當自己的替身，後者是一個「南美袖珍國」的國民。

許多罪犯都利用面部整容手術使自己變得酷似超人，其中包括「超人之死」(*The Death of Superman*)(《超人》第118輯，1958年1月）中的巴頓，「超人縮小」(*The Shrinking Superman*)(《動作漫畫》第245輯，1958年10月）中邪惡的坎多科學家扎克，還有「偷走超人秘密生活的人」(*The Man Who Stole Superman's Secret Life*)(《超人》第169輯，1964年5月）中的內德巴納斯，他以前是超人的崇拜者，現在卻加入了匪徒的行列。

當承載嬰兒期超人的飛船離開氪星時，它與另一艘來自外太空的飛船發生了輕微碰撞，恢復那艘太空船上的「稀奇古怪的科學設備」，製造了一個超人的複製品。在《超人》第137輯（1960年5月）——「氪星來的壞小鬼」、「年輕的超級惡棍」和「超人對決超級惡棍」裡，超人與這個複製品展開了殊死搏鬥。

好像所有的酷似者和複製品還不夠似的，超人自己還在「克拉克・肯特的奇妙騙局」(*Clark Kent's Incredible Delusion*）中製造了亞當・紐曼，一個與自己酷似的人形機器人，他在本故事和「英雄末路」(*The End of a Hero*)(均發表於《超人》第140輯，1960年10月）中登場。

與超人外形相似的角色一直受人歡迎，這是由於不管他們能多麼惟妙惟肖地模仿超人，但他們都不是超人本身。他們不是正宗的超人，這一點就足以讓他們的存在顯得有些荒誕了。這個主題在所有冒牌超人的故事裡有詳細描述，其中最著名的是由萊克斯·盧瑟所創造的「怪誕而有缺陷的」假超人。

與其他冒牌超人不同，假超人皮薩羅可從來不會被人誤認為是超人。像第十二章中提到的，他的皮膚蒼白，面孔有稜有角，像是從石頭中切削而成的。他說話風格詭異，不成文法——「Me prove it!」（「我證明之！」），擁有超人記憶中抑鬱、不完美的一面，因此與超人的形象可謂大相逕庭。

大多數冒牌超人是徹頭徹尾的惡棍，或者至少充滿了威脅。而假超人只會令人心生憐憫。他毫不凶殘，只是沒有感情的鋼鐵，他麻木不仁的形象也襯托出超人的典雅高貴，「氣魄非凡」（「破壞者」，《超人》第54輯，1948年10月），「堪稱地球上最完美的個體」（「超人從軍記」，《超人》第133輯，1959年11月）。皮薩羅的笨拙可笑正反襯出超人的高大光輝。

「醜陋的超人」

比起假超人皮薩羅，另一位與超人相似的角色僅僅出現過一次，這就是「醜陋的超人」（*The Ugly Superman*）（《超人女友露薏絲·連恩》第八輯，1959年4月）中那個摔跤手。

故事是這樣的：一個下午，懷特派露薏絲·連恩代表《星球日報》採訪職業摔跤比賽。在觀看了兩局比賽之後，露薏絲痛苦不堪地下了一個結論，職業摔跤不是一種體育運動，而只是一個娛樂觀眾的騙局。然而在第三局，一名矮小壯碩面孔誇張而凶殘的摔跤手讓露薏絲大為震驚。他的摔跤技術令人嘆為觀止：先是將對手暴打一頓，然後將其從競技場頂上扔了出去！露薏絲隨即在更衣室採訪了這位自稱為「醜陋的超人」的摔跤手。

在採訪過程中，露薏絲對這個奇醜無比的摔跤手深表同情：「可憐的人！他多麼渴望得到贊許和承認啊！我應該鼓勵他，就像對蠢笨的動物表示同情那樣！」於是她告訴他，自己簡直為他在摔跤場上的表現所「折服」。而我們的「醜陋的超人」也正需要聽到這些奉承。第二天，他打電話到辦公室給露薏絲，希望能和她約會。

「別推辭了，親愛的！這歌劇很好聽，我買了兩張票！」

露薏絲推辭道，她和克拉克．肯特當晚有一場採訪。為此，「醜陋的超人」狠狠揍了克拉克一頓。克拉克就像電視裡的摔跤手那樣，「掩飾著他身為超人的真實能力……裝作被打成重傷的樣子」。露薏絲可不希望看著克拉克被打成肉醬，她只好央求道，「求你別打他了！我跟你去看歌劇！做什麼都行！」

克拉克．肯特跟隨其後，「醜陋的超人」將露薏絲領到他「最喜歡的館子」——哈里小館，請她吃「60美分的特製晚餐」。畢竟，「我的好女孩應該得到最好的招待！」一入座，他就用手撕碎一整隻雞，胡嚼亂嚥。隨後，在歌劇院，他又把腳蹺在包廂的欄杆上，大嚼著花生和爆米花。

「他簡直讓我難堪！」露薏絲暗想，「豬圈裡的豬也比他有教養！」

這個情節是《醜陋的超人》的主旨，超人的許多模仿者

皮薩羅

初次登場：《動作漫畫》第254輯，1959年7月。

在1959年7月首次登場時，皮薩羅被描繪成超人怪誕且不完美的複製體，由萊克斯·盧瑟用非生命材質加上自行研發的「複製射線」製成。用科學術語說，皮薩羅是盧瑟試圖複製氪星人DNA的失敗產品。盧瑟曾命令他最出色的科學家騰博士掃描超人的基因結構，並據此製造出超人的複製品，讓他僅聽命於萊克斯·盧瑟。

在1986年後的超人故事中，皮薩羅這個不完美的複製怪物幾乎將首都毀於一旦。最終是超人拯救了一切。之後，這個怪物甘願讓一種分解性離子流通過自己的身體，消滅自己來醫治露薏絲·連恩失明的姊姊露西。

在「皮薩羅1號」被摧毀幾個月後，盧瑟又製造了「皮薩羅2號」。與其前身一樣，這個傢伙仍然是個不完美的產品，他用垃圾製造了一座「皮薩羅的大都市」，試圖取悅心愛的露薏絲·連恩。將露薏絲帶到他的奇異城市後，他在心愛的人的臂彎裡死去，死因是「細胞惡化」。

「皮薩羅1號」後來被惡棍們復活，成為他們的「王牌」。這個新生的皮薩羅被頑童先生賦予了第五空間的改變現實的能力，試圖創造一個善惡顛倒的地球，由一群怪異的惡棍控制美國正義聯盟。雖然超人最終打敗了「王牌」並讓計畫破滅，但皮薩羅存活下來，並被佐德將軍（他是飽受戰亂的歐洲國家伯克利斯坦（Pokolistan）的暴君）俘獲，後者以折磨這個超人的不完美複製品為樂，因為超人是他的死敵。皮薩羅此後還多次與超人有所接觸。

都比不上超人，而其中假超人和「醜陋的超人」則是最離譜的。皮薩羅的怪誕外形與超人相距甚遠，並由此反襯出超人形象的高大俊朗；「醜陋的超人」則缺乏基本的教養，這與超人優雅有禮的言行形成了鮮明的對比。

禮儀的定義

毫無疑問，超人有很多種辦法可以把露薏絲・連恩從粗鄙的摔跤手那裡解救出來，但他選擇了最不會令露薏絲難堪的方法。超人將自己化裝成「老年的大鬍子摔跤手梅蘇色拉」，決定用力量挑戰「醜陋的超人」，使他「灰心喪氣，再也沒心思找露薏絲」。超人在一連串比賽中擊敗了「醜陋的超人」，他終於承認，「你證明了我不是世界上最強的人，那我也不配和露薏絲・連恩在一起」。

如果超人眾多的模仿者和複製品能擁有超人的力量，那就會引來天下大亂。超人之所以成為超級英雄，就是因為他的超能力受到其崇高的道德操守規範，同時他還懂得高雅的禮儀。沒有了這些，只能造出恐怖的怪物。沒有道德，只會產生邪惡的怪獸；而沒有禮儀，只會產生「醜陋的超人」那樣強壯的粗漢。

禮儀的首要因素是運用得當。它創造並維持了令所有人感到舒適和受到尊重的環境氛圍，它還能透過優雅的方式使人們看到並欣賞你的能力。禮儀可以用法語裡「savoir faire」這個詞來形容，即「舉止得當」。

「辦公室超人」應將商業中的禮儀看成是與其他能力同等重要的調和劑。被認為是「一流會計師」當然是值得驕傲的，但如果同時能被看成「熱情、友好、體貼的人」，那就更加難得了。沒有良好的禮儀，你可能只是一個數字工匠，僅此而已。而掌握了商業禮儀之後，你就會成為團隊不可或缺的一員，而且會進入最好的團隊。

牢記「和睦」

在第十三章，我們詳細討論了和睦關係在工作場合的重要性。成功的商業禮儀對於建立及維持和睦關係——互信互敬——至關重要。幸運的是，商業禮儀最基本的要素是如此簡單，無需學習，僅靠練習即可掌握。

超人可以躲在他的孤獨城堡，為自己研發一種秘密的「和睦射線」；也許你早已經擁有這樣的「法寶」了。沒什麼能比微笑能快速建立和睦的關係。你可以將微笑當做一種標準的姿態，向周圍的人示意你希望與他們接觸、交談和合作。如果你需要加強這個效果，你可以在走進辦公室或路上遇到同事時揮手示意，這是屬於你個人的「和睦射線」。

微笑和揮手幾乎隨處隨時都可使用。一般來說，握手較具有選擇性，你雖然不能像政客似的四處握手，但一定要善用每個需要握手的時機。牢記握手的規則：微笑，保持目光接觸，手心乾燥，完全握住對方的手掌，握手要有力度，不要讓手心像死魚似的滑膩，也不要像小孩拉手似的只握住半隻手掌。

無論是開會、交談，還是在辦公室裡相遇，都要與人保持目光接觸。當你穿越公司大廳時，要抬起頭來觀察四周；低頭朝地或向天對和睦關係是極為不利的。

打招呼時不要只是說「早上好」，多說點友善的話。最具友善意味的言辭莫過於對他人成績的衷心讚美。你可以說：「早上好，你昨天那份報告幫了我大忙！」誠如第十三章提及，在合適的時機與他人閒聊也是個好主意。適度閒談而不侵犯或打斷他人，有助於增強和睦關係。

有機會作出有禮貌的舉動時千萬不要猶豫。有些人認為現代為女性開門是不禮貌的，甚至是不正確的。這簡直是無稽之談。不管對方是男是女，都要以禮待之。如果你處在方便開門的位置，那就這樣做，無論你是男是女。同樣，當同事懷抱大堆文件穿過走道時——不管對方是男是女——都應該給予幫助。不要放過每個表示禮貌的機會。

事關價值

在上一章，我們討論了超人的雙重身分與道德主題的有趣聯繫。克拉克．肯特和超人的雙重生活還有一個目的，就是用極端的方式來展示超人不履行超級英雄職責時的生活。多年來，超人故事最經久不息的話題之一，就是所有的角色——包括超人——都有職業生活之外的私生活。即使超人自己不是以克拉克．肯特的身分居住在克林頓街的公寓裡，他也會住在自己位於冰洋之上的孤獨城堡，那裡有實驗室、發明中心和世界監控室，還有一些小玩意可以打發閒暇時光。

「辦公室超人」應該把老闆、同事和部屬看成是完整的人，而不只是朝九晚五的會計師、推銷員、文書人員和訂單處理員。他應該認識到，與他共事的人和自己一樣擁有辦公生活之外的私生活；他須明白，得體的商業禮儀也包括尊重共事者的全面價值。

這種說法聽起來可能有點不切實際或誇大其辭，但卻是必須的。一定要牢記這條規則：在辦公室裡對待同事，要像在家裡對待家人一樣。就這麼簡單。

沒人能在辦公室裡「隱形」，因此也不應該忽視任何人。每個人都應該得到你的寒暄、微笑、招手和善意的言辭，顯示你重視他們的價值。

你可以這麼向辦公室的報童打招呼：「小傢伙，你的夜校上得怎麼樣了？」

在家裡，你經常會招待各種客人。在辦公室，你也會「款待」客人。他們可能包括客戶、經銷商、同事、部屬和老闆。要像對自己家的貴賓那樣熱情有禮地對待他們，如果對方是你每天見面的同事，可以用簡單的「你好，請進來隨便坐！」如果對方是客戶、經銷商或不經常見面的同事，可以加上握手。一定要從辦公桌後面走出來接待你的來訪者。

待客之道的首要任務就是打消陌生人的疏遠感。如果來拜訪你的人是公司外的人或是公司的新員工，不要忘記對他進行必要的介紹和說明。這裡有一些可供參考的意見：

- 向他人介紹你的老闆時，使用他的姓名。如果你平日稱其為「先生」或「女士」，就用姓。
- 在商業場合之外，一般習慣先向女士介紹男士：「簡，這位是湯姆・史密斯。」在商業場合，則應先向級別較高者介紹級別較低者，不論男女：「老闆，這位是蘇珊。」
- 有一個人的「級別」永遠高於其他所有人：客戶。首先向客戶介紹公司裡的其他人：「您好，這位是我們的經理。」

和在家中的情形一樣，要注意照顧客人的需求，使其愉快舒適。主動提供飲料如咖啡或茶。在會議結束時，致謝並提出讚許：「與你談話就是讓人舒服！」或者：「今天的會議真是大獲成功！期待與你一起完成這項任務！」如果對方是你不經常接觸的人，那麼分別時應該握手。如果你的辦公室有房門，起身將客人送出辦公室，對外來的訪客則最好送到出口或電梯口。

當你到他人的辦公室造訪時，要像去對方家中拜訪一樣舉止得體。要準時到來，不要賴著不走。對方隨時都可以終止會談，這也是你應該離開的時候。即使他沒直接告訴你會談結束了，也可以暗示：「所有問題都討論過了嗎？」他還可以使用肢體語言，如在辦公桌上整理文件或掃視一眼日程安排。一定要懂得看眼色，及時告辭。如果你認為還有問題需要討論，應該向對方建議改日再談，而不是延長今天的會談。要感謝對方為會談付出的時間：「湯姆，我知道你還需要與他人開會。以後有時間我還希望和你討論這個問題。我們能否明天同一時間繼續討論？」

在家待客和在辦公室會見來訪者的重大區別之一是，在家時你通常可以把全部注意力都集中在客人身上；而在辦公室，則隨時可能受到干擾。要合理安排會談的時間，保證最不容易受到干擾。如果可能的話，將電話設置成自動留言。如果另有來訪者到來，禮貌地讓她稍等：「愛麗絲，我正在開會，我可以半小時後去你辦公室嗎？」

有時，在會談進行中，我們可能突然想起必須打一個重要電話。請不要急於中斷會談。由主人打斷會談，在商業禮儀中是最不禮貌的。不要提起這件事，等客人走後再打電話。

這個世界充滿變動，有時會談不可避免地會被打斷。在這些情況下，一定要向客人道歉，並簡要解釋需要打斷會議的迫切原因。

更高的價值

超人從來就不會拒絕伸出援手，這種說法多少有點保守。因為超人總是願意全心全意幫助他人，而不只是一隻「手」。

一定要注意了解同事、部屬以及老闆生活中的「大日子」。你可以把自己想成是專門在公司裡負責組織生日慶祝的人。一個月有好幾天慶生日，這樣既會降低生產效率，也不切實際，因此你可以發電子郵件給大家，約大家去附近的餐館聚餐，招待過生日的人。

同事的家庭添丁添口，這也是值得慶祝的事情，大家都會為這個好消息高興。你可以組織大家一起為小寶寶購買一件合適的禮物。

分享歡樂的時刻自然是必須的，但紀念噩耗也是十分重要的。當你聽到一位同事家中有喪事時，應該在他回到單位後表示哀悼，同時不要過於激起對方的哀思。你可以說：「對於你家的事情我深表同情。我只見過你父親一面，但我十分敬佩他的為人。」

辦公室「地理勘探」

四壁一門，或許還有一扇窗戶，這曾經是辦公室白領階級的標準工作環境。如今，即使是位居高位的人員也得在隔間座位裡工作，這是一個沒有門、窗甚至沒有牆的矩形區域。

在隔間座位裡工作，我們得注意以下禮儀：

- 適應現狀。現在的辦公室就是這樣，所以不要抱怨了。
- 座位就是你的辦公室，用對待辦公室的心態對待它。
- 同事的座位也是他人的辦公室，要尊重他人的辦公空間。尊重他人在隔間的隱私，假設它也有門，不要不請自來，相反，要徵得對方的許可再進入。
- 不要在對方不在時進入其座位——除非要傳遞什麼東西或留下便條，這種情況下也要速去速回。不要在主人不在的座位裡閒逛。
- 如果你按照約定需要與同事在他的座位見面，應該在隔間外等待，直到同事出現。
- 訪問他人的座位時，先徵得對方允許再碰他的用具：「你介意我搬動一下這把椅子嗎？」
- 離開時，務必帶走垃圾，並將對方的環境清理乾淨。
- 在對方桌上放任何東西——如咖啡杯——之前，徵得對方許可。
- 隔間沒門沒鎖，這並不意味著你可以進行偷竊。不要在未經許可時借用他人的東西——如計算機、釘書機等。借用後應立即歸還。
- 不要東張西望地四處窺探，或顯得游手好閒。

電子禮儀

超人並非總是與他人面對面交流。如果你擁有超級傳音術，那麼你也可以將聲音傳到百萬英里之外；或者乾脆不用聲音，改以心靈感應術，連說話也用不著了。當然，在商場上，許多溝通也無需彼此接近就可完成。但事實上，你沒看到對方，不能與他握手或進行目光交流，這都不是拋棄商業禮節的藉口。

講電話時，應該清晰明確，並充分理解對方的話語。許多人在講電話時語速過快。應該放慢速度，恰當地強調重要部分。不要含混不清地說話，口部要直接對著麥克風。接電話時，要將聽筒貼到耳朵上，並將麥克風對準口部，再開始說話。第一句寒暄的話就含糊不清，恐怕會令人心生不悅。

上述是電話禮儀的基本技巧。以下進入高級話題：

- 說話時請保持站立。這在一開始可能讓你覺得不舒服，但人在站立時說話聲音通常低沉、渾厚且更具說服力。帕華洛蒂總是站著歌唱的。
- 微笑。即使你不是使用視訊電話，因為微笑也可以流露在聲音當中。
- 不要使用免持功能，這會讓對方感到不快，覺得缺乏隱私。僅在必要時使用免持聽筒，並在這麼做的同時告知對方。
- 接電話時不要只說「喂」相反，要先報上你和公司或部門的名稱：「早，我是會計部的珍妮。」
- 在合適的時候，禮貌地詢問對方：「我能怎樣幫助您？」僅僅說「我能幫助您嗎？」對溝通毫無幫助，因為對方一定會回答「是的」，而加上「怎樣」，你實際上是在提示對方提出需求，從而為你節省時間，也減少了誤會的可能。
- 不要讓對方拿著話筒等你，雖然有時這是無法避免的。沒有人會喜歡這樣，所以需要先徵得對方同意。

可以說：「您可以稍等一會兒嗎？」而不是「你等會吧。」請求可以讓對方感覺受到尊重，而命令則反。另外，你還應該為對方估計等待時間的長短：「我稍候就來！」

如果你意識到你可能會讓對方等很久，可以提議回電給他：「史密斯先生，可能還需要幾分鐘才能解答您的問題，我不希望您等太久。您可以告訴我號碼嗎？我15分鐘後回您電話。」只要記住按時打電話就可以了。

接線生、秘書和特助的職責通常不是為老闆傳遞信息，而是為其防範「不速之客」，把守「大門」。即使是超人也可能無力衝破重重阻礙，而「辦公室超人」則擁有一些優雅的小技巧，躲過這些障礙。

打電話時，一定要注意不要激發對方的「第一道防線」，通常是「來者何人？」這樣的問題：

「能幫我接派瑞·懷特嗎？」

「請問您是？」

「你可能不認識我。」

「那麼，抱歉，先生，懷特先生正在開會……」

相反，首先要介紹自己：「您好，我是多來咪公司的約翰，請接派瑞·懷特。」這等於直接告訴對方，你有權利與派瑞·懷特通話，增加了你被接通的機率。

近來，越來越多的商業交流通過電子郵件來進行。最好把電子郵件視為看不見對方的面對面溝通，使用對話的語氣，但不要囉里囉唆。檢查拼寫和標點，同時避免全篇使用過大的字體。這與大喊大叫無異，是最無禮的行為。

通讀郵件全文，然後再傳送出去，必要時進行修改和調整。一旦點擊「傳送」按鈕，消息就不可逆轉地被發送出去。

對付傳真機則需要特別的方法。「辦公室超人」從不在未獲邀請的情況下發出傳真，除非事態確實十分緊急。不請自來的傳真會堵塞對方的傳真機，法庭甚至宣判這樣的「垃圾」傳真是非法的。

在傳真中一定要附上一頁，說明傳真的總頁數、日期、目的、發送人，並留下電話號碼。最重要的是，一定要意識到大多數公司裡一台傳真機可能由好幾人同時使用，機器本身也可能被置於走廊或其他公共區域。因此，絕對不要在未通知對方的情況下發送重要文件。

精明社交

一般情況下，受邀參加聚會是令人高興的，但商業社交活動的邀請函則多少不那麼令人興奮——畢竟，在辦公室辛勤忙碌一天後已經沒多少精神與人客套了。然而，不管是否喜歡，都應該把它看成一次任務來盡力完成。

商業禮儀中可能犯的最大錯誤是拒絕聚會邀請。辦公室聚會？要去！銷售雞尾酒會？去！與經銷商或客戶的晚宴？一定要去！

商業社交場合只有一種合宜的舉止，那就是保持「警覺的放鬆」。表面上既要顯得機警幹練，又要顯得輕鬆自如，並展現對周圍人們和他們談論的問題十分關注，又具有自信、輕鬆的心態。不要完全失去鋒芒。商業社交場合本來就應該更注重商業效應而不是社交效應，你確實處於他人的觀察和評頭論足之下。

首先應該穿著得體。對大多數與商業密切相關的場合而言，正規的商業服裝就可以了。但對於參加晚宴，服飾上則必須加強。「正式社交場合」要求正式的穿著，而娛樂場合、公司野餐等等只需要穿乾淨整潔的休閒服即可。

社交場合的對話，應注意保持話題積極向上。這個時候不適合抱怨工作、市場狀況等的問題；更不要埋怨個人問題，比如薪水。實際上，許多老闆都認為如果你與他人討論待遇問題，這足以成為解雇你的理由！無論何時，這都不是一個好習慣。努力讓自己感到愉快，但更重要的是，一定要看上去十分愉快。

參加商業社交活動要注意按時到達或稍微提前，千萬不要遲到。在任何與商業相關的活動中，都不存在所謂「遲到是時髦的」這種說法。如果主人向你打招呼，與他交談，但不要獨霸話頭。他還有其他客人需要接待。

如果有飲料提供，按照你的習慣行事，前提是你的習慣不要太過火。這可是商業活動，你不僅希望保持清醒，還要避免酒後衝動和失態。無論是不含酒精的飲料、蘇打水還是礦泉水，都可以代替酒精。另外，不要吸菸，除非在場的人都吸菸。

適度原則對餐前開胃品也同樣適用。用一個小碟子盛放這些食品，沒有的話用餐巾，然後離開擺放它們的桌子。徘徊在食品區是非常不雅的；事實上徘徊在任何地方都是不合適的。在宴會場所來回走動，談話時不要冷落對方的配偶。

注意時間。當大多數人開始離開時，你也應該離開了。第二天，寫一個簡短的致謝函送給主人。

關於辦公室聚會，也有些忠告：辦公室聚會的風格取決於辦公環境的「文化」特徵，可能比雞尾酒晚宴更放鬆一些。即使情況確實喧鬧歡樂，也最好不要作出任何侵犯性的舉動。反之，要利用辦公室聚會的機會來構建自己的人際網絡。但需要注意不要用沉重的商業話題來煩擾你的同事、部屬或老闆。

世界視野

《超人》故事1930年代和1940年代開始連載時，他活動的範圍還局限在首都地區。然而歷經多年，超人的活動範圍逐漸變成全國性、國際性，甚至達到星際之間。美國的商業活動還沒能擴張到如此地步，但今日，即使是最小型的公司也會發現面對著許多國際性客戶或銷售商。本書沒有篇幅逐一探討其特徵，但請注意商業活動——包括商業禮儀——在不同國家和地區具有巨大的差異。如果你將要到其他國家從事商業活動，首先需要調查研究對方的商業習慣。然而，如果你發現自己身處外國，置身於外國客戶或經銷商之中，不了解他們的習慣和文化，一定要記得微笑並禮貌地求助。不要太過擔心你的求助可能被對方認為愚蠢無知；恰巧相反，你的求助會被認為是尊重對方的文化，說明你希望滿足對方文化的要求。無論如何，仔細觀察並用心學習。超人也會這麼做的。

辦公室超人的裝束

19世紀著名哲學家、自然主義者梭羅曾經說過這樣一句耐人尋味的話：「當心那些要求新裝的公司。」1933年，也就是《動作漫畫》第一輯出版的五年前，舒斯特筆下的「超人」看上去根本沒有穿衣服，更別說新衣服。作為後來為大家所熟知的超人的原型，他不僅沒有那件斗篷，甚至可以說幾乎一絲不掛。他的下肢畫得也很粗糙，以至於看不出他到底穿了什麼。

根據後來舒斯特的回憶（參見丹尼爾的《超人全志》（*Superman: The Complete History*）一書），直到1934年他和西格爾進一步溝通時，才發現有必要重塑故事人物主角。

舒斯特說：「我們把他的裝束畫成這樣吧，胸前一個大大的S形，加上海角圖案，這樣看上去色彩比較鮮明，別具一格。」

後來故事的發展大家已經非常熟悉。儘管經手了幾代漫畫家和創作者，但超人的這套裝束從1938年以來幾乎不曾改變，雖然沒有人說超人的魅力完全在於這身打扮，但可以肯定的是如果沒有這身打扮，超人不會像現在這樣成功。不管怎樣，沒有了藍、紅、黃三色裝束搭配的超人會是什麼樣，簡直無法去想像。這套裝束已經成了超人的專利和傳統，當超人需要現身的時候，克拉克・肯特便脫去便裝，換上超人的行頭。這意味著超人要展開行動了。

成功的穿著

流行雜誌定期會推出關於「成功穿著」的專欄文章，多年來書架上也一直充斥著數不勝數的關於成功穿著的書刊。穿著是一個永恒的話題，因為人們總是渴望成功，而時尚卻一直在發展。21世紀的生意人不會參考1938年出版的關於如何穿著的書籍。沒錯，雖然超人幾十年來一成不變的裝束可以視為時尚界的特例，但是超人的另一面，克拉克・肯特的穿著卻一直跟著時代變遷。1930年代末和1940年代流行的雙排扣逐漸變成了1950年代的單排兩顆扣或三顆扣；六、七十年前男士衣櫥裡必不可少的一種淺頂閃帽（對記者來說尤其重要）到了1950年代也已經無人問津，到了1960年代，肯特更是連帽子都不戴了。1971年1月出版的題為「別了，氪化作用」的《超人》第233輯中，故事的作者和畫家為克拉克・肯特設計了一款非常時髦的裝束，以至於後來丹尼爾在《超人全志》書中特別提到了這款裝束，當時的《紳士季刊》（*Gentleman's Quarterly*）也對此予以高度評價，劇作家還接受了電視頻道的人物專訪。

超人和克拉克・肯特的穿著是商業裝束的典範，既保留著他們不隨時間變遷而改變的價值觀，又表現出對於時尚的自覺。超人的裝束是對原則的堅持，這其中既包括個性化的原則，例如超人本身，也包括社會性的原則，例如真理、正義和美國精神；肯特的裝束則象徵著對潮流的自覺。與此類似，作為辦公室超人，你的穿著也應當既有著對自我的表達、流露，又有對環境變遷的適應。這是商業穿著打扮的實質和重點。同時，穿著也有助於實現在第六章中談到的在適應環境和出類拔萃之間的平衡。

無敵戰衣

超人的服裝被人們形容成「刀槍不入」、「超級裝束」，或者乾脆就是「無敵戰衣」。

人們有充分的理由這樣認為。多年來關於超人服裝的來源眾說紛紜，1940年夏季出版的《超人》第五輯中，超人說這套服裝是他用一種特殊布料親手縫製的，可以刀槍不入。但十幾年後，在1951年12月出版的《超人》第73輯中，我們又得知是肯特的養母瑪莎・肯特用當年超人落到地球上時身上裹著的毯子做成的。過了一段時間，新的版本又出現了，有的說超人服是用氪星上一種罕見的材料製成的，但較新的版本還是傾向於瑪莎・肯特的說法，其中一輯故事還特別解釋了瑪莎如何把這種特殊材料縫製成衣服的——因為材料堅韌無比，一般情況下難以裁剪。其實，瑪莎在裁剪的過程中，一直哄著超人使用眼睛裡放出的X射線來切斷線頭，以利她把毯子做成衣服。（讀者可以回憶1964年12月出版的《超人編年傳》第八輯，書中同樣介紹了超人裝的來源，其中有一段描述說，超人用當初裹著自己的小毯子的殘料為自己製作了雙紅色的靴子。）2003年的超人漫畫上又解釋說，超人裝實際上是瑪莎和少年肯特共同完成的。「沒辦法，一般的裁縫實在難以勝任這份裁剪工作。」超人詼諧地說。

不管這些關於超人服來源的記載多麼不同，它們有一個共同點，那就是超人的裝束難以破壞，或者更準確地說，衣服在某種程度上具有類似超人自身刀槍不入的特徵。而且也和超人一樣，這套衣服會被氪輻射穿透，並且一旦回到氪星環境中就不再具有這樣超強的韌性，就像超人不再是超人一樣。

超人穿上肯特的便裝就化身為肯特。但肯特的便裝只是看似普通，絕非真的如此。1964年6月《動作漫畫》第313輯中提到，肯特的衣服是某種極具彈性的材料製成的，當肯特脫去外衣化身為超人的時候，超人可以用一隻手把肯特的衣服揉成一個壓縮球，然後放進衣服口袋裡。

像超人的裝束一樣，肯特的衣服也是非常牢固的。他的眼鏡也是如此，因為那是肯特用把他運到地球上來的火箭船上的樹脂玻璃防護板製成的。超人在「氪化作用的詛咒」（1959年7月《超人》第130輯）一書中說：「這些材料即使在我的眼睛發射X射線的時候也不會熔化。」

除了透過穿著讓別人知道自己是誰，並且展現自己時尚的一面之外，超人或者說肯特的穿著也非常符合他們的工作和身分。

穿著密碼

辦公室超人要保持個性，又要融入集體。也就是說，辦公室超人要做到穿著與職位和工作環境相適合。這決不是要求辦公室超人不動腦子，每天穿著工作制服上班，而是說他要明白他所在的單位或者行業關於穿著風格的潛在規則。有效的商業穿著既能讓你覺得舒適，又能表現出自己的狀態，還能與單位和行業的風格要求相一致。

在我們進一步探討穿著密碼之前，我們要確定對於「舒適」的理解沒有任何歧義。對很多人來說，舒適表示在家穿著牛仔褲和T恤衫坐在電視機前，但是在辦公室這樣穿著肯定是不合時宜的。舒適不僅意味著身體的舒適，它還有情感和文化層面的多重含義。在你決定穿什麼衣服去上班之前，記著要從身體、情感和文化三方面來考慮。和周圍的同事相比，穿著太正式或者太隨便都是一種非常不愉快的經歷。

舒適是雙向的。不僅你穿著舒適，周圍的人看了也應該感覺舒適。你或許想穿得驚世駭俗，例如上身亮紅的襯衫，印著佩斯利螺旋花紋呢的領帶和淡紫色的夾克。在服裝設計這類的公司和行業，類似的裝扮可能完全合適。但在其他場合，例如華爾街經紀人業務公司，這樣的打扮會讓人覺得非常不舒服，不管是老闆、同事還是客戶。如果他們不舒服，你肯定也不會舒服。

要想穿著得體，你可以參考以下兩個經驗法則。

第一，透過觀察部門裡其他人的穿著來決定公司流行的著裝風格是什麼，這樣可以保證你的裝扮不偏離公司的氛圍。有的公司甚至對此加以量化，例如說「不要穿得比別人好5%」等等。

第二，最好的商業打扮如保守和傳統是最安全的穿著。雖然克拉克·肯特的服飾在1971年發生了巨大的變革，但還是保持著1938年的風格。當然，肯特也不可能背離傳統太遠，因為他裡面穿的就是幾十年不變的經典的超人服。

「保守」並不意味著呆板，並且如果你的公司和行業不喜歡保守，你也應該離它遠遠的。就算你穿得循規蹈矩，你也可以加上一些有品味的裝飾品，例如彩色的領帶，精緻的手帕，或者圖案精巧的襯衫。但一般來說，最好要保持保守的基調，這樣對方的注意力才會集中在你本人身上，而不是花稍的衣服或者裝飾品。不要把這裡的「保守」和政治上或者文化上的保守聯繫在一起。工作上的「保守」是為了維持自我形象。如果你穿得太過時尚，或許會被認為是衣架子而不是做事的員工，甚至有被掃地出門的危險。

服裝之外

即使皮薩羅的膚色不是粉白，他的臉也不像從岩石上削下來的一樣僵硬，我們還是能輕易地把他和超人區別，雖然皮薩羅某種程度上可以說是超人的複製品。例如，皮薩羅的頭髮總是亂蓬蓬的，超人的頭髮卻總是很整潔，並且那一頭標誌性的整潔捲髮看上去總是非常完美，即使在快速飛行的時候也是如此。

前面我們討論的關於「安全」的外表不僅僅適用於服裝，而且適用於服裝之外的其他方面。保持個人的清潔（例如來上班前沖澡）、合適的髮型、鬍子刮乾淨等等，這些個人細節既表現出你對自己的尊重，也表現出對他人的尊重。

頭髮的長度等外在取決於政治和文化等多種因素，最好的辦法還是觀察公司和行業中流行什麼的做法。1990年代的超人故事就與此相關，其中最著名的當屬1996年的《結婚紀念冊》（*The Wedding Album*）。故事中超人被描寫成一個體毛發達的傢伙，肯特甚至可以把刮下來的體毛編成一條時髦的馬尾辮。留意身邊最成功的人在這些個人細節問題上是怎麼做的，你可以加以模仿，但不要走向模仿的極端。例如他們可能留長髮，但對男士來說，留長髮總顯得髒髒的，其中還帶著些叛逆的味道，或許你的老闆和客戶看了會覺得不舒服。類似地，男子蓄鬍曾經被視為是商業成功，但後來卻被認為是激進分子的表現。所以，千萬要留心身邊的流行文化。

在美國，我們享受著一系列辛苦爭取來的公民自由，並有相關的法律保障，例如禁止公司在雇用員工的時候基於種族、性別和年齡等因素的歧視行為。儘管如此，很多老闆還是喜歡年輕人，至少他們喜歡那些看上去顯得洋溢著青春活力的人。如果你想把頭髮染成灰色，那麼你不得不同時考慮一下老闆的偏好。不同的公司、不同的行業對年齡有不同的要求，換句話說，染髮可能是有利的，灰色的頭髮代表著無價的經驗和智慧，但換一個地方可能就會對你不利。

在頭髮問題上，除了上述考慮之外，還有一些問題是具有共同性的。例如不要在頭髮上灑香水，也不要用鬍後水，因為這樣做會讓別人以為你在刻意掩飾一些糟糕的味道。更糟的是，很多人討厭這些味道，並且討厭身上有這些味道的傢伙，甚至有些人對這些味道過敏。你當然不想讓同事都討厭你，更不想讓他們覺得噁心，那麼你是不是應該避免使用香水之類的東西？不用這些香料，你不會受什麼損失。但如果你非常喜歡某種味道，那沒有關係，只要別過度使用，這樣你和周圍的人都會覺得舒適、清潔。

漸進性的著裝

在你努力適應工作環境的同時，一定要明白自己要適應的到底是什麼。對於服裝來說，要盡一切可能挖掘公司已經形成的著裝文化，並調整自己的穿著和外表。公司裡最適合你的裝扮往往就是那些比你稍稍高一個級別、同時也是你渴望達到的級別的裝束，而不是那些和你同級別的人的穿著。例如，你現在是經理助理，公司大多數的經理助理都穿著運動夾克、襯衫、領帶和牛仔褲。那麼，花錢買一套你能負擔得起的、同時也保守的套裝，每周穿一次。這樣每個星期你都會有一天看上去像是上一個層級的員工。

辦公室超人在升遷的過程中，要定期更新自己的職業套裝。在整理衣櫃的時候，他應該問自己兩個問題：

第一，我有沒有合適的套裝？（是不是適合我目前的職位，同時也適合我的下一個職位？是不是適合我所在的公司和行業？）

第二，我的套裝是不是狀況良好？例如是不是整潔、乾淨，還是有破損？

我們已經討論過上面第一個問題，所以這裡的重點是討論第二個問題，因為這涉及到你在挑選套裝的時候是不是夠仔細。如果你挑選的套裝不夠精明整潔，那麼你會付出什麼代價？可能要經常光顧乾洗店。實際上，就算是最好的套裝也不可能像超人服那樣，所以每次乾洗都會在套裝纖維上留下一些後遺症。要注意把衣服熨平後疊放整潔是必要的。對襯衫來說，洗過之後應該氣味清新，才是一件合格的工作裝。就顏色款式來講，淺色、筆挺的襯衫是最好的。

辦公室超人可能需要像超人一樣經常飛來飛去。1965年3月出版的《動作漫畫》第322輯「鋼鐵懦夫」（*The Coward of Steel*）中，克拉克的西裝經過了特殊的防摩擦處理。萬一出現緊急情況，超人不用換衣服就可以飛行或者完成其他任務，也不用擔心飛行的時候西服會因為與空氣摩擦而起火。

要是我們也有一套那樣的西服就好了，因為頻繁的空中飛行對西裝影響很大。尤其是近年來，幾乎不可能把西裝掛在飛機的衣帽間裡，所以我們只能把西裝疊好，仔細地收起來，最好放在專用的塑料袋子裡，而襯衫則最好放到盒子裡。如果你沒有專用袋，那就把西裝縱向對折，放進手提箱，避免背後出現印子和皺褶。

經過了一天的顛簸，在隔天談生意或者出席重要會議之前要好好打點一下，例如去飯店服務處把衣服熨平。實在沒有辦法的話，可以把西裝掛在浴室裡，然後打開淋浴噴頭，產生的熱氣可以用來減少西裝在旅途中出現的皺褶。當心，別燙著自己，別弄濕衣服。

屬於你的穿著

時尚年年更新，所以任何對成功穿著的公式化定義都無法長久。但是就像超人的裝束一樣，變化的時尚背後那些普適性的法則是很少變化的。

商業穿著的目標在於讓對方覺得你值得信賴，並且讓人們把注意力放在工作細節。穿著不能搶你的風頭，不能太引人注意或引人非議。要記住，你工作的重點應該是你自己而不是服裝。

根據經驗，深色表示權威，深藍色代表最高程度的權威（這也是為什麼大多數的美國警察都穿著這種顏色的衣服）。黑色可能就有些太深了，因為很多人看到黑色就覺得過分正式，甚至想到了葬禮。大多數人還會覺得棕色或者褐色西裝不夠顯眼。

辦公服裝最好是純天然衣料（尤其是羊毛），或者天然物質成分較高的混合衣料。合成衣料色澤和質地上要比天然衣料差得多，看上去也便宜——儘管有時並非如此。此外，合成衣料容易磨損，衣物上的體味也不容易去除。

就款式來說，套裝和運動夾克還是盡量選擇嚴肅的或者圖案精緻的。所謂的「銀行家條紋」——淺色而細條紋的款式——經常和金融機構或者強權政治聯想在一起，所以除非你想傳達這樣的訊息，否則不要穿這類衣服。另外，不管什麼場合都別穿大格子款式的衣服，因為沒有人願意和看起來像不受歡迎的二手汽車推銷員做生意。

很少有人聲稱自己和超人一樣強壯，但幸運的是，大多數公司都不需要穿緊身衣。如果你身材瘦弱，靈巧的歐式西裝會讓你看上去不錯。不過對大多數人來說，或許穿較大號的、較保守的美式西裝也是不錯的選擇。

克拉克．肯特的衣服裡面是超人裝，你的西服裡面則是襯衫。許多公司都喜歡員工穿長袖的、前排扣式的襯衫。法式袖口——用簡單、普通的袖鏈繫緊——會顯得更加注重細節，但一般的紐扣式袖口也很好。襯衫的顏色以白色和淺藍色為佳。

有人認為在襯衫上繡上自己的名字可以顯示「成功」。事實上，大多數人並不認為繡著名字的襯衫是某人興旺發達的標誌，相反地，他們會認為這個人喜歡誇耀甚至覺得他粗俗。如果你喜歡穿繡著名字的襯衫，建議你最好把名字繡在左袖口上。

領帶

男人的服飾哪一部分會先引起人們的注意，專家對這個問題爭論不一，有些人認為是鞋，也有人認為是領帶。

你得先想一想，自己需要打領帶嗎？這點得參考辦公室裡其他人的做法。如果別人都打領帶，那你也應該跟他們一樣。

一小部分男人喜歡領結更甚於領帶，因為領結會讓他們看上去與眾不同。事實確實如此，但這不應該成為他們偏好領結的藉口。如果你打領結，那麼以後人們說起你的時候都會用「打領結的那個傢伙」來形容，這可不是什麼值得驕傲的事情。

問題還在於，如果領帶不合適，會貶低西裝的價值；相對的，如果配戴得當，會讓西裝看上去更高檔。對於商業人士來說，只有100％純絲領帶是合適的。亞麻領帶很快就會起褶，毛料領帶看上去太隨意，而合成材料則很難打出好看的形狀。

如果你穿了一套合適的白色或淺藍色西裝，要配上合宜的襯衫和領帶並不難。領帶是為了裝點西裝，而不是單純為了搭配。如果西裝帶有花紋圖案，那麼不要配戴與西裝衝突的領帶。否則，人們會盯著你的西裝和領帶看，反而忽略了你的存在。

寬板領帶好還是窄的好？實際上這是由當前的潮流決定的，但這裡還有一條經驗法則：領帶的寬度應該和西裝翻領的寬度近似。

領帶要符合「略帶保守的款式最佳」的法則，所以最好還是選擇傳統圖案的領帶，比如純色的、條紋式和彩色螺旋紋等等。有些款式的圖案顯得有點強硬或強勢，例如寬條紋式、圓點式、圖畫式（獵犬頭、卡通人物等等）和運動式（高爾夫俱樂部、馬球等等）。這些強勢圖案都不適合辦公室超人，所以盡量不要用，包括帶有設計圖標的款式。不少商業人士感覺配戴有圖標的領帶是一種缺乏安全感的象徵。

如果你還不知道怎麼打領帶，那麼現在就要學習如何打出一個漂亮的領帶結。這種細節會透露出你是一個事事追求完美的人。如果領帶夠長，可以選擇溫莎式結，但很多領帶沒有這麼長，只能選擇其他小型的緊一些的結。不管領帶怎麼打，領帶的下端都不能長過褲子的腰帶，也不能短過你的肋骨部位。

要不要用領帶夾？這是個致命的錯誤！對辦公室超人而言，這同樣是不合適的。

皮鞋

超人那雙用氪星橡膠製成的紅靴子看上去棒極了，但辦公室超人最好穿黑色或褐色皮革鞋，要擦亮，鞋跟不能有磨損。一般來說，中階經理人員應該穿有鞋帶的鞋子，而高級主管和會計師應該穿沒繫鞋帶的鞋。像廣告企劃之類對「創造性」要求較高的職位則經常需要穿義大利圓錐型運動鞋，鞋的價格相對也很高。

襪子的顏色應當與西裝的顏色相配，並且要夠長，至少不能露出小腿上的皮膚。

腰帶和其他飾物

腰帶最好選用皮製品，顏色和款式應當與鞋子相符，但要注意避免用美國騎兵式、牛仔式和地獄天使式的皮帶。1980年代在腰帶上別飾物的做法相當流行，並被認為是希望成為高級經理或者執行長的象徵。到了21世紀，這些做法仍然很普遍，只不過沒那麼時髦了。同時要小心，有些人對飾物是有忌諱的。

很多商業人士對男用珠寶比較神經質。像學校或者軍隊的標誌指環以及簡單的袖釦，這些他們還可以接受，但是項鏈、胸針、手鐲這些他們就無法忍受了。有些人甚至不喜歡粉色戒指。所以佩戴這種小飾物的時候要小心。

現在，雖然男生扎耳洞、戴耳環已經不再罕見，但還是會被認為不合傳統，或者充滿叛逆心理，建議最好不戴。

大功告成

穿著不僅是出於生理需要，也具有文化意義。大多數人覺得衣服是身分的象徵。的確，這應該是辦公室超人穿著的主要重點，即標示身分。更進一步講，辦公室超人的穿著還說明了工作態度，以及對公司和老闆的態度。

穿著在反映你個人特點的同時，也反映了整個公司甚至包括客戶在內的價值取向和文化氛圍。得體的穿著不僅是對自己的尊重，也是對他人的尊重，這一點永遠不褪流行的。

超人的弱點

漫畫書裡的超級英雄相繼出現，惟超人是永恒的。雖然超人的忠實擁護者和相關研究者對超人長盛不衰的原因提出不同解釋，但只一個解釋贏得所有人的認同，那就是超人超脫了漫畫本身，展現了人性的光輝和偉大。

超人：超級人類

多年來，我們對超人的了解甚至勝過對親人的了解。例如，我們熟知超人從嬰兒開始就以難民的身分從毀滅的氪星來到地球，那艘載著超人的飛船就像當年那片載著摩西進入蘆葦叢的扁舟，後來超人被肯特夫婦發現並收養。隨著故事的發展，我們目睹了超人是如何發現自己的天賦和超能力，如何去規劃其職業，又是怎樣以肯特和超人的雙重身分過生活；我們見證了超人怎樣離開小鎮來到首都，成為《星球日報》的一名記者，怎樣與露薏絲・連恩陷入愛河並結成眷屬；我們還了解他在首都和孤獨城堡的生活方式，發現城堡是世界上最好的度假場所。事實上，關於超人，我們鮮少有不知道的事情。

超人或者說克拉克・肯特是所有虛構的角色中（例如莎士比亞戲劇中哈姆雷特和聖經中的亞哈船長等等），我們最熟悉的一個。超人之所以如此流行應歸功於他的大眾性。當然也有其他原因，如故事精彩、流行時間長、富有濃厚的漫畫氣息、在電視和電影播映等等。和多數誕生於好萊塢攝影棚裡的角色不同，超人經歷了時間的考驗，不斷發展、改善，才擁有今天的地位。

拿超人的超能力來說。1938年6月超人剛剛誕生的時候，超人和超級英雄的形象差得很遠。他不會飛，只能「一躍200公尺」、「跳上20層高的大樓」，當然他還能「舉起萬噸巨石」，速度勝似「奔馳的列車」，遠比不上後來「飛行子彈的速度」。至於超人刀槍不入這個本領，當時也僅僅是說「他的皮膚可以抵禦炸彈」，雖然已經很強壯了，但還沒有達到堅不可摧的地步。幾十年來，超人的超能力被描述得越來越神奇，超人面臨的挑戰也越來越大。今天的超人已經能夠毫髮無損地深入熾熱的太陽內部，可以挑戰物理極限，以幾千倍於光速的速度飛行。

雖然超人越來越「超人類」，但其人性化的傾向絲毫沒有減弱。就像超人在故事中逐漸成長一樣，超人在現實生活中也逐漸成為經典的藝術形象。事實上，沒有什麼比發展、成長和成熟更具人性化的了，就像我們每年都會長大、都會變化；就像優秀的人每年都會進步，逐漸掌握能力和才幹。從最深刻的意義來說，人性化意味著前進，意味著擁有挑戰極限和克服艱難險阻的能力。

超人的弱點

只有成長和發展還不足以說明超人的持久魅力。雖然每隔一段時間超人的超能力都會變強，但有一點是不變的，那就是超人的弱點，始終是氪化作用。

在很多故事中，超人都在孤獨城堡裡探索著能夠使他戰勝宇宙中惟一剋星氪化作用的方法，但截至目前為止，超人對此依然束手無策。我們熟悉的那些最強壯、最勇敢、最聰明的英雄都是弱點，且無法補救。對英雄們來說，能力越強，弱點越明顯。例如英雄人物的始祖阿基里斯（Achilles），特洛伊戰爭中希臘聯軍最勇猛、最英俊、最偉大的戰士。當他出生的時候，他的母親把他泡進冥河水中，讓他變得刀槍不入。不幸的是，那隻沒有泡過冥河水的腳跟成了他致命的弱點。所以我們今天經常用「阿基里斯之腱」來形容一個強人的弱點。人都是有弱點的，超人也不例外。

對於我們這些非超人的常人來說，更是如此。

另一個希臘傳說人物奧狄帕斯（Oedipus）來說，他以過人機智和膽識取得王位，同時也讓他變得過分自信，不計後果，甚至莽撞，最終毀掉了自己，也為他的王國帶來了恐怖的災禍。超人的弱點讓他變得和阿契里斯、奧狄帕斯一樣，讓他的強壯變得更加真實、更具人性。

超人的超能力來自他的故鄉氪星，至於為什麼他會具有超能力概括起來有兩種說法。在《動作漫畫》第一輯中，作者試圖提出一個科學的解釋：「肯特來自氪星，星球上的居民比地球上的人類先進數百萬年，他們長大之後，就會擁有極其巨大的能量。」這個解釋聽上去合情合理，接著又補充說：「即使在我們的星球上，也存在著這種擁有巨大力量的生物，例如看似弱小的螞蟻就可以舉起大於體重幾百倍的物體，蝗蟲的跳躍能力如果換算到人類身上，相當於可以越過城市的幾條街區。」但到了1940年代末期，漫畫劇情一轉，說氪星上的居民和地球人沒有什麼不同，可是如果把一個氪星人放到地球上，地球引力和兩個星球大氣層的巨大差異會讓氪星人變得力大無窮。因此，我們有了超人。

不論你喜歡哪種解釋，關鍵是超人的超能力之源來自氪星。就像我們在第二章曾經提到，嬰兒時期的超人就被父母送到地球上，因為當時的氪星由於「星球內核災難性的一場連鎖反應」瀕臨毀滅。超人逃過一劫，但氪星爆炸釋放出的巨大原子能產生了氪化作用，氪化物散播到宇宙各處，有的甚至成為隕石掉落到地球上。這種物質有紅、金、藍、白和綠五種顏色，它們對地球上的生物沒有任何危害，但是紅色、金色和綠色的氪化物對超人來說卻是有致命的傷害，儘管這些物質來自他的故鄉。總之，接近紅色氪化物質會讓超人暫時產生怪異的、難以預測的症狀，例如曾經把超人一分為二，還曾經把超人變成一隻巨大的螞蟻；金色氪化物質更危險，接觸之後會讓超人永久失去超能力；最恐怖的還是綠色氪化物質，它會讓超人深度中毒，四肢疲乏、虛弱，直至死亡，除非接觸時間極短，超人才有機會復活。

超級英雄的弱點讓我們對故事和人物產生濃厚興趣，因為這些缺陷讓我們這些同樣有弱點的普遍人產生了共鳴，讓我們分享他們成功與失敗的命運。我們發現，其實超級英雄的故事並不遙遠，相反，我們可以從故事中學得一些寶貴的經驗。

對危險保持警惕

超人、阿基里斯以及所有擁有致命弱點的大英雄為我們帶來警訊。那些曾經為你帶來輝煌成就的個人特質也可能會讓你敗走麥城，辦公室超人也是如此。普通人大多注定一生平淡無奇，但敢在人群中冒出頭的人卻有掉腦袋的危險。自信和傲慢之間只有一道分界線，膽識和莽撞往往也只有一線之隔。商業的基本法則是風險與收益並存。成功者總是樂於承擔更大的風險，因此回報也大。但是，精確計算的風險和碰運氣之間有極大的不同。

雖然超人幾經努力，但他依舊不能戰勝氪化作用，也不能保證不會碰到它。超人能做的僅僅是對氪化物質的存在時刻保持警惕。清醒和警戒不能去除危險，卻能讓危險變得容易管理。

對辦公室超人來說，規避風險、選擇平淡的生活可不是一個好的選擇，但是任性和無知同樣不對。時刻小心別讓自信變成自我膨脹的傲慢者，當心動力和膽識變成衝動和莽撞，還有別把孤注一擲當做不得不承擔的風險。危險總是存在，但慎思後行、多考慮別人的感受和需要總是沒有害處，決策之前對風險收益進行適當的分析評估，有助於成功。超人和辦公室超人都不應該滿足於平淡無奇，不應該拒絕面對危險和承擔挑戰，只是需要對成功的企圖進行風險管理。

辦公室政治的危險

「內心危機」不過是危險的一種形式。就像有好幾種氪化物質都可以危害超人一樣，辦公室超人的職場危險經常也有好幾種形式，辦公室政治就是其中最常見的一種。你可以透過下面這些信號來判斷是否存在辦公室政治危機：

- 你應該晉職並對此滿懷期待，但是一個明顯不如你稱職的同事卻升上那個職位，而不是你；

- 你發現自己不在電子郵件列表裡，以至於你經常收不到管理階層發來的備忘錄；
- 開會的時候，你在沒有防備的情況下受到了沒有理由的指責和攻擊；
- 你不再被邀請參加某個管理層級的聯席會議；
- 老闆生日舉辦狂歡宴會，你卻不在受邀請名單之列；
- 你發現自己常常成為辦公室流言蜚語的主角；
- 你常常成為替罪羔羊，明明是別人做錯事情，主管或同事卻怪責你；
- 你發現同事不再願意與你合作。

如果你發現上面這些信號你都遇到過，那麼很明顯你已經成為辦公室政治的受害者。不要為此驚慌失措，就當這些信號是為你敲警鐘，提醒你，不管喜歡與否，都應該盡快參與辦公室政治。

「辦公室政治」很明顯是個略帶負面的字眼，尤其當你發現自己身處辦公室政治漩渦的時候。但是，如果你能對當前的辦公室政治主動施展一些計策，大可以扭轉局面。避開甚至逃離都不是好的選擇。你可以這樣認為，辦公室政治就是公司裡的人們為了讓自己升職發財而採取的一些策略。當然，如果你不幸成為受害者，你一定會痛斥辦公室政治是多麼骯髒、多麼腐敗的事情，可能會毀掉你的職業生涯。但是你為什麼不主動施展這樣的策略呢？你可以出於自己的需要使用一些策略，那時你就不覺得辦公室政治那麼骯髒腐敗了，相反地，你會覺得這是一件非常需要悟性的工作。

如果你發現自己被排擠在公司的主流圈子之外，可以透過讓自己變得更具影響力來挽回。你越有影響力，人們就會認為你越有權力，事實上，你也真的會變得更有權力。現在就開始兜售你對別人的影響力吧。你提出的想法和創意越多，尤其是向老闆提得越多，你的影響力就會越大。

從一個想法開始，別把它輕易浪費。有了想法之後，在公司找到一個可以幫助你的人，想辦法讓這個人成為施展你想法的助力。先從說服他接受你的想法開始，隨後他就會幫你向別人推銷你的想法。尤其是這個人具有相當影響力的時候，你的做法更是事半功倍。

怎樣推銷你的想法呢？訣竅在於告訴人們可以從你的想法中獲得什麼樣的好處。不要說你的想法對你自己有什麼幫助，要說明你的想法會讓對方得到什麼好處。例如你想成立一個特殊客戶服務小組，而你認為喬治是推銷你想法的合適人選。於是你告訴他：「喬治，成立這個特殊客戶服務小組，可以讓你在高級管理層有更大的說話權。」

最容易推銷的想法當數對方腦中已形成的想法。一旦你讓對方動心，就不要再口口聲聲提「我」的觀點，而要說「我們」的觀點。分享觀點，也就是在爭取支持。

別指望推銷過程會一帆風順，但也不要輕易屈服於當前遇到的阻力。不要在批評聲浪中退卻，也不要和批評者爭執，反而應該把批評吸納進自己的想法。接續剛才的例子，如果喬治對你的想法提出若干評論，你可以說：「喬治，你對於客戶能不能支持的看法非常重要，對我啟發很大，我們是不是把剛才的看法融合進來，然後一起做下去？」這樣，把反對的意見吸納進你的想法中。如果你不能打敗他們，那就拉他們入夥吧。

最後，不要忽視化解辦公室政治危險的最佳途徑。很多的上班族都天真地以為，把工作做好自然就會升職，自然能拿到比較高的薪水。

一派胡言！

商業是一個大社區，它和大多數社區一樣，建立在龐雜的關係網之上。而關係無非就是私人感情，所以化解危機必須從交朋友做起。如果和你共事的人與你私交很好，那麼你的日子會好過得多。所以，盡量與公司掌握權力或者具有影響力的人建立良好的私人關係。這可不是拍馬屁的行徑，而是辦公室超人必修的功課。

流言蜚語

氪化物質的存在是超人無法否認的事實，儘管這並不是值得驕傲的事。在公司裡，只要有兩個以上的人，流言蜚語就一直存在。具體來說，有的流言是針對你的，有的時候你會成為始作俑者。所以要避免流言的危害，首先必須避免成為流言的發起者，也不要散播流言，否則你最終也會被傷害。此外，不要和那些喜歡對同事說三道四的人為伍。同在一個屋檐下，這一點恐怕不是那麼容易做到。辦公室超人需要機智地處理與這些同事的關係，過分疏遠他們，那麼你會被指責為清高甚至被孤立，但是如果過分親近他們又會惹火上身。例如，有時候別人會問你「有沒有聽說最近莎利和約翰關係有點曖昧」，你不需要直接回答對方的問題，可以說「是嗎？我得先把這份報告做完才能跟你聊，老闆急著要東西」，這樣就可以讓自己擺脫兩難的處境，對方也會明白你對他的話題不感興趣。現在你的問題是能否控制住自己的好奇心，能否對他提到的曖昧關係置若罔聞。

接下來，如果你受到流言中傷，該怎麼辦呢？

如果你發現自己成為惡意流言的主角，別充耳不聞，希望事情很快就會過去。事實上，很多時候流言不會自己消失。

如果你能發現是誰在散播或者編造流言，就把他揪出來。當然，不是讓你控訴他的醜惡行徑，而是以求助的口吻和他談談。你可以說：「莎拉，我不知道你有沒有聽說最近同事總是談論我和簡小姐之間的事情？」莎拉可能會支支吾吾地說：「呃，好像聽說過。」你接著說：「其實我非常需要你的幫助。這種辦公室緋聞非常糟糕，儘管我和簡之間的確什麼都沒有發生過。你在辦公室的影響力滿大的，人們都聽你的。能不能幫忙告訴大家，這純粹是流言，根本沒有這回事。這樣我和簡，還有各同事之間都可以避免不必要的尷尬。你說呢？」

當然，並非所有的流言都是捕風捉影。無風不起浪，有的流言還是有些可信度的，只不過被過分扭曲了事實真相而已。這種情況下，首先還是要發現流言的源頭，然後和製造者私底下交流一下你的想法。

例如你找到山姆，告訴他：「最近大家都覺得我和一樁帳戶醜聞有關，你怎麼看？就我的了解，大家似乎對此事有誤解。事實是這樣的……」這時輕輕地拉一下山姆的胳膊，悄悄地告訴他真相。這樣做可以加強神秘感，再由山姆告訴大家，風浪也就慢慢平息了。

還有些流言實在是惡毒得讓人無法用這種溫柔的或者間接的方式來解決。這種情況下，發一封電子郵件給辦公室的每個人，坦白而誠懇地說明實際情況：「近來我注意到大家都在談論關於我的一件事情……」概述一下流言，然後繼續寫，「這種流言太傷人了，大家應該知道真相……」然後告訴大家事實如何。不要編撰，不要譴責，也不要讓你的怒氣流露在這封郵件裡。實事求是是解決問題的唯一出路。

人身攻擊

對你來說，以大欺小似乎只是停留在童年階段。事實上，辦公室裡經常充斥著這種恃強凌弱的現象。總有一些傢伙喜歡對人咆哮，愛發脾氣，斥責別人；也有些人仗勢欺人，他們不破口大罵，而是用一些看上去溫和得多的方式來欺負你。例如，你對某項工程有個想法，這些人可能不會直接評論你想法的優劣，而是評論你這個人：「你在開玩笑吧，誰會這樣做事情？」

面對這種令人難堪的批評，很少有人能夠保持心態平衡和自信。但這些對你進行人身攻擊的同事有致命的弱點，那就是缺乏邏輯。人身攻擊式的批評是相當膚淺的，所以你可以平靜地回應說：「這個想法能降低費用，增加利潤，為什麼沒有人做？」他們在事實面前是不會有任何招架之術的。

另外要記住，這些喜歡欺負人的傢伙為了要達到目的，必須找人扮演受害者。辦公室超人不能成為他們人身攻擊下的受害者，而要用事實戰勝他們，讓他們低俗的本性顯露在大家面前。

對於那些不這麼溫柔的批評應該怎麼辦呢？你不需要忍受工作中遇到的無理指責和謾罵。如果你遇上一個性格莽撞的人，那就盡可能別招惹他。如果你認為需要溝通，面談是最好的方式，比電子郵件和備忘錄好得多。如果你發現慘遭對方的惡意言語轟炸，就讓他們發泄吧，你只需保持沉默。當他們發泄完以後，我們還是要以事實說話。如果他們的壞脾氣發作起來沒完沒了，你還是先回避較好。告訴他「我們以後再談」，然後轉身走開。

這些喜歡做人身攻擊的人都是情感的奴隸，總是因為恐懼或氣憤而失去控制。對我們來說，最好不要給他們發泄的機會，把問題留到以後再談。

貌似被動的危險份子

公司裡有些人看上去性格很被動，實際上卻非常不好相處。別人經常感覺他們很隨和，很謙恭，但在他們平靜的外表下是懶散怠工的態度。例如你請他們完成一項重要的任務，他們口口聲聲答應。但到了交件的時候，你會發現工作根本沒有做完。如果你生氣地質問他，他還會若無其事地說：「真抱歉，不過別擔心，早晚會做完的。」

其實這正是你最擔心的事情。從今以後，你不得不擔負起監工的角色，檢查他的表現，監督任務的完成情況，還要隨時督促他；你要為他做的每件事情都訂出最後期限，要提醒他什麼時候該完成多少，必要的時候還要重複指導他完成工作。不客氣地講，和這些人共事簡直就是浪費時間。與其如此，還不如把精力放在自己的工作上。給自己訂出進度表，寫出清楚的計畫，並時時回顧當前的完成情況。不要指望你能輕鬆下來，如果把任務交給他們去做，除非你肯花時間監督他、催促他，否則還是自己做比較划算。

辦公室的抱怨

辦公室都有喜歡訴苦的人。有些人雖然滿腹牢騷，但工作完成得不錯。那麼，禮貌性地聽聽這些人抱怨，然後讓他們繼續工作。但有些人完全是用抱怨來逃避責任和工作，他們抗議說這不可能、那也不可能，他們嫌時間給得太少，並且你很難說服他們開始工作。

面對辦公室抱怨，你首先應該判斷理由是否充分。不要對別人的抱怨過於不耐煩，也許抱怨的人真的發現了工作上或者公司裡的某些問題呢。一旦你發現問題不在工作，而在抱怨者本身的時候，立場要堅定，停止繼續討論該抱怨是不是合理，更不要對抱怨者流露一絲絲的同情。你要告訴對方，他需要無條件地按時完成工作，剩下的問題就讓抱怨者自己去想辦法。同時也應該鼓勵他，讓他在需要幫助或指導的時候來找你。

實際上，他們所抱怨的典型問題無非就是工作壓力過大、天氣太熱或太冷、有人不遵守紀律或者不知變通、早上交通擁擠、有人違規超速等等，他們總是把問題歸咎於別人或外在環境。不管發牢騷的人是你的部屬、同事還是你的老闆，你都不能忽視他們的抱怨。如果你可以在他抱怨的問題上說幾句，千萬不要吝嗇。

例如對方說：「休息室的咖啡味道糟糕透頂，真不知道是哪個笨蛋買來的。」你可以說：「海倫，我也覺得咖啡的味道應該更好一點，這樣吧，明天早上你來上班路過超市的時候，能不能請你買一些好喝的咖啡回來，費用我也會分擔一些。這樣休息室裡就會有美味的咖啡喝了，你看怎麼樣？」

但是如果你知道對方純粹是為了找話題，那就善意地回應對方。例如他說：「我真是受夠了今天這樣寒冷的天氣，地面上居然還有厚厚的積雪。」你可以說「是啊！喬治，你身上的大衣是新買的嗎，看上去真不錯。」

如果發牢騷的是你的部屬，抱怨同部門的另一位員工，那麼要讓自己置身事外。不要評論，不要表態。相反地，你可以安排一個你們三個人的小型會議，讓這兩個人好好談談他們的問題。

道德問題

即使是最誠實的人有時也可能做出不道德的事情。雖然有點駭人聽聞，因為這意味著商業社會中不道德行為的普遍性，而這些不道德極有可能成為摧毀一個企業的導火線。讓我們想想下面這些場景。

你覺得自己工作非常辛苦，薪資偏低，有時你就會把公司的辦公用品帶回家，像個小偷一樣。

你剛剛出差回來，坐下來整理你的報銷單據。以前的午休時間大家還聚在一起討論在單據中「灌水」是多麼的天經地義，所以你這裡那裡都隨便加上幾個美元。既然大家都做，那麼我也不例外。但這還是小偷的行為。

你用三個小時完成了客戶交辦的工作，你卻告訴客戶花了五個小時。客戶同意付給你五個小時的工資。小偷！

不道德的行為終究不道德，不管你的藉口有多麼冠冕堂皇，不管別人怎麼做，也不管你能否僥倖不被發現。不道德行為帶來的後果是不道德的環境，導致缺乏職業道德的行為在整個公司、整個商業社會蔓延。早晚你或者你的公司會為此付出代價，有一天你的職業生涯也會毀在這些不道德的事情上。

規避危險

誰也無法保證你在公司會不會遇上我們剛才談到的這些危險因素。本章簡單地討論了一些處理危機的辦法，但和大多數糟糕的事情一樣，對付它們最好的辦法還是盡量避免危險出現。總結起來，有以下幾點：

- 跟公司的人維持好關係。籠統地說，善有善報這條規律在職場同樣適用，所以一定要對別人的善意作出善意的回應。
- 讓自己成為辦公室受人歡迎和受人尊敬的人。對別人友好、體貼，多考慮他人的感受和需要。
- 多跟同事交流，哪怕是簡短的對話。對同事的興趣、愛好、家庭予以關注。
- 盡量和同事成為朋友，從進入公司第一天就要開始努力。
- 每天出色地完成自己的工作，讓自己成為公司不可或缺的一份子：辦公室超人。

正確對待批評

長期以來，我們用版權和商標來保護超人這個經典人物形象，而不是依賴超人的超能力或者他堅韌的皮膚。但是，超人的影響力遠遠超出了版權和商標的範圍。例如，有的商品可能會因為使用超人的形象而大賣，這並不意味著公司高層領導和營銷人員有多麼高明，而是因為超人長久以來營造的巨大影響力。雖然超人不過是一個創造出來的漫畫人物，卻已經在美國流行文化和民間文化中占據了重要的一席之地。超人是超級英雄，更重要的是，超人還是平民英雄，我們每一個人都可以在超人身上發現一絲自己的影子。

從這方面來說，超人非常合乎民間故事的傳統，因此幾十年來一直被人傳頌。與超人類似的有一個名叫約翰．亨利的非裔美籍勞工。民間故事說，亨利簡直就是鋼鐵超人，他技術熟練，可以用一把鐵錘、一柄鐵鑿作為鑽孔機器在岩石上打孔，放置炸藥。後來，鐵路老闆買了一部汽錘意圖來取代像亨利這樣的人力勞工，因此，工人們推舉亨利和汽錘進行一場比賽，亨利也發誓要贏得勝利。競賽開始了，亨利表現得非常出色，但卻在獲勝的一瞬間因心臟停止跳動而猝死。

傳說的魅力是超越真實事件和時間的。後代人們把亨利視為一種精神，那就是勞工階級與貪婪的、想用機器來取代工人的資本家之間頑強抗爭的精神和意志。

在19世紀這是一個不可忽視的社會問題。當時，機械化生產的趨勢日趨普遍，工人因此面臨失業的威脅。這一趨勢對社會的衝擊絲毫不亞於今天自動化和數位化對傳統行業的衝擊。例如現在流行的「外包」，對美國工人來說「外包」好比100多年前的「汽錘」：大量的工作機會在「外包」中被轉移到了海外，無非就是因為公司可以在勞工成本較低的國家節省工資支出。

不安全感在某種程度上影響著我們每一個人。這也是為什麼很多人難以接受批評意見，更不用說有效地利用批評意見。對失敗的恐懼讓我們擔憂是不是能勝任目前的工作，所以我們最不想聽到失敗或者不當二字。

人人都會失敗

害怕失敗？那就成為超人吧，一旦成為超人就能遠離失敗，遠離批評。如果你這樣想，那就錯了。人人都會失敗，超人也不例外。

如果超人真的是完美無瑕，我們恐怕將不會數十年如一日地喜歡他。1958年《動作漫畫》第241輯中，有人侵入孤獨城堡，並且留下了一些能夠找到他的線索，他到底是誰？這個謎讓超人苦思不解，信心受到打擊，結果在日常運用超能力的時候險些釀成災難性的後果。

隔天，超人繼續著他的救援工作，用一隻手將一艘故障的豪華郵輪拖向港口。糟糕的事情發生了，這時船上有人大喊「超人！小心！」超人完全沒有反應過來，結結巴巴地問：「什……什麼？」另一個乘客解釋說：「超人，你搖動我們的船。被你拖著簡直比故障的時候還要糟糕。」

在你伸手相助的時候，卻被告知把事情弄得更糟，世界上沒有比這更傷人自尊、更諷刺的事情了。可憐的超人不知道該怎麼說，只能勉強擠出一句話：「……對不起。」之後，超人陷入了複雜的心情當中，他明白自己做不好事情的原因在於「不能在任何其他事情上聚精會神，整個腦子都在想著城堡入侵者的問題。」超人心想：「真希望現在是晚上，我就可以回到城堡裡去了。」

如果你懷疑自己的能力，帶來的後果只是愈懷疑自己。而如果你害怕批評，那麼你的行動一定會招來更嚴厲的指責。

在故事的最後，超人終於破解了謎團。其實只是蝙蝠俠和超人開了一個小小的玩笑，但超人在故事中所曝露出的人性弱點卻讓我們深感不安。《偉大的超人》（*The Great Superman Book*）這本收錄了全部超人故事的百科全書記載著，超人在這件事情上受到了自我懷疑的嚴重影響，「即使強壯如超人者都有缺乏自信、自我懷疑的時候」，更何況我們普通人。書中這樣寫道：

如果像超人那樣近乎萬能的人都會有感覺無能的時候，那麼我們又將如何？超人畢竟不是地球上的普通人，而是強大的氪星人。在他所出生的氪星上，超人沒有超能力。超人之所以變得幾乎萬能，就是因為他在地球上。

超人來到地球上的時候，是一個無依無靠的孤兒。在最需要他的時候，超人只是氪星毀滅的無力見證者，是不停哭泣的克拉克．肯特，只能無助地逃亡。顯然，他受到心理學家所稱的「倖存者憂鬱症」的影響。克拉克．肯特不僅僅是超人的另一面而已，他還反映出了超人的部分心理狀態：「內心深處的無用感和自我厭惡感」。正是因為這樣，克拉克．肯特才會「不斷地透過懦弱、畏縮來低估自己，向別人示弱」。

毫無疑問地，所有的人都有弱點，即使是那些最強壯、最有權力的人。這些弱點讓我們對批評變得敏感，讓我們變得只能被動接受批評甚至拒絕，而不能選擇更有效率的第三種方式：聽取別人的批評，從中學習、改進。

對批評的反應

要求一個人能夠永遠對批評作出啟發性的反應是不可能的，但至少還有一些策略能讓我們盡可能對批評做出建設性的反應。

首先，我們要認識到批評是一次難得的機會。所有的批評可能都是有用的，儘管有些看上去並非那麼公平。批評可以指出你工作中做得不好或者沒有效率的地方，而這些地方是可以改善的；有的批評還能提醒你，或許你的想法會帶來負面的影響，需要改變。不管怎樣，批評都是幫助你取得更大成就的台階。但是，一個人願意真正接受批評，必須壓制厭惡批評的人性衝動。面對批評就努力辯解等於關閉了看到自己弱點的心靈窗口。不 妨放下你的辯解，仔細聽，確實發現，認真學習。

其次，要理解，批評實際上也是人們對你的工作效果接受程度的反映。我們可以把批評與客觀數據作比較，例如銷售數字、成本、生產量等。我們發現，如果批評是客觀的，說明人家批評得對；但是如果批評和客觀數據之間存在著一定的差距，例如明明你做得很好，卻招徠非議和批評，那就要考慮為什麼會出現這種偏差。如果大家不認可你的工作績效，那你的成就就大打折扣了。

最後，對批評不應該辯解，不應該覺得無所謂，但也不應該消極地接受，尤其是當你認為批評有失公允的時候。對待批評同樣需要慎思後行，不要急於對批評做出回應。你在思考批評意見的時候，可以這樣說以爭取更多思考的時間：「你提到的這點非常有意思，這也是我一會兒將要討論的問題之一。」

積極傾聽

超人的聽力極其靈敏。在面對批評意見的時候，辦公室超人也應該展現這種積極傾聽的能力，不讓有效的批評建議漏網。積極傾聽的態度能夠告訴對方，你很重視他的意見，並且樂於接受他的批評。

傾聽的時候，保持眼神接觸和交流是一種非常有效的回饋。當然，接受批評時要注意控制肢體語言，例如不要把手放在嘴唇上或者放在額頭上做出遮蔽眼睛的動作；雙手交叉放在胸前則表示你只是在聽，並沒有聽進去。

在討論過程中，你和你的批評者最好能夠坐下來，因為站著好像雙方要發生碰撞一樣。如果必須站著，雙手應該自然下垂，不能交叉在胸前，也不能把雙手插在口袋裡。

如果老闆叫你去辦公室，而你也預料到一場疾風暴雨即將來臨，那麼更要注意肢體語言。好的肢體語言可以緩和氣氛。當你進門的時候，別著急入座。最好能先在老闆的辦公桌前停留片刻，這樣他必須先抬起頭來看看你。這個細微的動作能讓你增加勇氣；入座後交談的過程中，如果你能不時地抬頭看看老闆的額頭也會加強這種感覺。這種獲得權力主導的感覺完全是潛意識的。

入座後保持坐姿端正。手要放在老闆能夠看到的地方，講話的時候可以用來強調重點，加強語氣，但是手一定不要碰到自己的臉、脖子、頭髮和嘴。雙手攤開、手掌略微上揚的動作是最有力的手勢。

講話的時候不要畏縮。進入辦公室的時候，如果你先打開半扇門，探頭看一下老闆，那可以說是非常糟糕的開始。交談的時候，目光不要往地面或者兩邊游離，要看著老闆。入座後的坐姿不要太拘謹也不要太懶散，腿不要顫抖或晃動，否則老闆可能覺得你「迫切想要離開」。太過侵略性的手勢，比如用手指著老闆、握拳、砸桌子以及其他傷害感情的動作都應該避免。

細節場景

如果老闆對你的批評完全出乎你預料之外，那麼你最初的反應肯定會影響最後的效果。就像我們提到過的，你可以試著從批評意見中發現建設性的建議，努力把批評者變成你的合作者。

老闆說：「上批訂單你好像處理特別久，你應該更有條理一些。」

你可以回應：「我明白您的意思。我一直努力讓自己處理訂單的效率變得更高。您有什麼好的建議嗎？」

面對批評，要努力把焦點從對人的批評轉移到對事情的討論上。如果批評者的話有傷害、冒犯或者威脅到你，還是要先討論事情，把個人問題和感情暫拋一邊。

老闆可能指出：「你的成本預算高出了10%，這太離譜了！」

你不妨說：「的確是這樣。我想跟您好好再討論一下成本超出預算這件事情，我有個計畫能降低成本，想先徵求一下您的意見。」

不公正的指責

克拉克・肯特一定清楚受到不公正的指責意味著什麼。故事中，他一直都承受著別人的指責。為了不洩露超人的身分，肯特只能永遠保持著謙恭甚至有些懦弱的形象，並因此受了很多的委屈，人們根本不了解肯特的所作所為，尤其是他深愛的女孩露薏絲・連恩。

對我們而言，永遠不要接受那些不應該由我們來承擔的批評。但是，你還是得承擔責任，這點比接受不屬於我們的批評更加困難。

當你在沒有犯錯誤的時候卻無端受到批評指責，你的立即反應肯定是為自己辯護。為自己辯護沒有錯，但不應該僅僅停留在這個層次上。在向你的批評者解釋問題的來龍去脈之後，應該繼續表示你願意幫助對方解決這個問題。這並不意味著你要承擔所有應該由別人承擔的責任，但主動找到該為此問題負責的人也是必要的。你可以和他溝通，討論什麼地方出了問題。總之，一切應該以解決問題為優先，而不是以辯護和推卸責任為重點。你可以引導他、激勵他，和你的批評者共同解決公司所面臨的問題。

還有一種情況，你會發現雖然錯不在你，但的確是由於你的行為造成的。例如，向你報告的人可能表現得非常差，做為這個人的老闆，你應該為部屬的糟糕表現負連帶責任，而且你應該負責解決問題。

面對不公正指責的時候，最理想的辦法就是快速有效地向對方闡明這並非你的錯誤，無需向高層請示匯報。如果你覺得的確有必要去找老闆，請注意當年杜魯門總統在他的辦公室門口寫著一行字：爭論到此為止。雖然你的報告應該準確無誤地描述問題的緣由，例如你的部屬忽略了某項工作等等，但是報告裡仍需表明自己願意承擔責任，以及解決問題的意願。

危險的意義

要是沒有災難和失敗的風險，那麼超人可能就是一個強人而已，也許他可以在馬戲團裡找到一份不錯的工作。

事實上，各種問題尤其是涉及到失敗風險的難題，讓超人和辦公室超人時時刻刻處在受批評的漩渦和可能中。也正是這種風險和難題才讓超人及辦公室超人的職業變得有價值。

如果能正確處理批評意見，那麼即便是最嚴厲的批評也會讓人受益。你的這種反應，不管是語言上還是行動上，都會讓人覺得你不是一個犯錯誤的人，而是一個有責任心解決問題的人。對辦公室超人來說，不把工作做完、做好是永遠不會停手的。

挽救敗局

超人在他幾十年主持正義的生涯中，曾經擊敗了可以編成一個軍團的擁有超能力的惡棍。其中最著名的當數萊克斯·盧瑟，一個幾乎無所不能而又無惡不作的科學家。盧瑟第一次現身是在1940年4月的《動作漫畫》第23輯中，我們將在下一章談論這個傢伙。

1961年，《動作漫畫》第280輯，書中的惡棍布萊恩被稱為超人有史以來最恐怖的敵人。布萊恩最初出現在1958年7月出版的第242輯漫畫中，是一個禿頂、綠皮膚、綠眼睛的人形怪物。實際上，他是來自另一個星球的機器人。那個星球被一群電腦狂人所控制，連布萊恩也是狂人手下的試驗品。雖然狂人最後被那個星球的居民擊敗，但他們創造的布萊恩之流仍然大量存在，並且成了為非作歹的擁有超能力的壞蛋。

1959年5月，《動作漫畫》第252輯出版。金屬人和超人發生了第一次戰鬥。金屬人的原型約翰．柯本（John Corben）是一名記者，同時也是竊賊和殺人犯。他在一次車禍中受了重傷，只能用複製技術獲得重生。約翰穿上了像肉身一樣的金屬裝甲，也因此具有了大規模殺傷的超能力。

1971年10月黑暗殺手登場，他野心勃勃，在控制了一個名叫阿卜克利普斯（Apokolips）的行星後，企圖繼續擴張，直至控制整個宇宙。地球不幸成了他的第一個目標。黑暗殺手認為地球是「反生命方程式」的力量源泉，控制地球是獲得控制生命所需的絕對能量的關鍵。

超人故事的發展總是伴隨著形形色色的擁有超能力的惡棍的挑戰。例如：

- 被稱為宇宙征服者的外星來客蒙戈爾；
- 以受傷的太空人漢克為靈魂、以機械為形體的電子人，他體內有超人的DNA，並且夥同蒙戈爾殺戮了上百萬人；
- 長著巨齒的大個子「世紀末日」，他擁有完美的基因，後來卻成了生命殺手；
- 在失戀打擊下瘋狂報復世界的「上帝」，儘管他之前曾經是非常優秀、無可匹敵的神；
- 專門用項鍊釋放的特種迷魂劑來對男人施咒的女巫，就連最強大的男人都曾經敗在她手下；
- 曾經引發宇宙大爆炸的萬物主宰，他比時間還要古老，而現在他帶著一個軍團的惡棍來到了世界上。

頑童先生

初次登場：《超人》第30輯，1944年10月。

真實姓名：未知

這個小傢伙每隔90天就來拜訪一次地球。他以挑戰超人為樂，經常製造幻覺，用他在第五空間的想法開一些宇宙玩笑。也就是說，頑童先生用第五空間的能力和三D空間的地球人來開玩笑，其結果經常看上去有違物理學和邏輯，並且時常帶來災難性的後果。

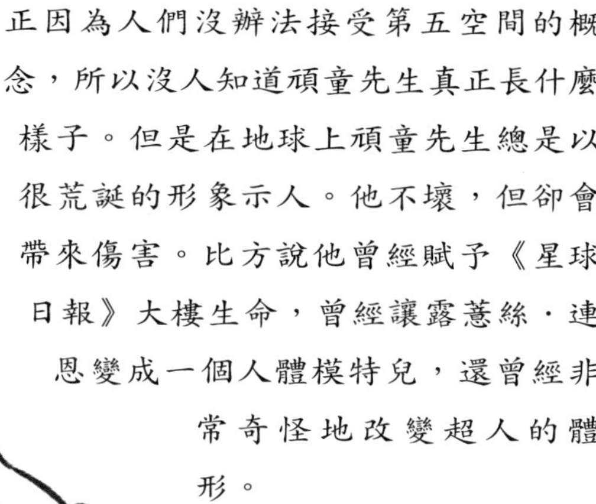

正因為人們沒辦法接受第五空間的概念，所以沒人知道頑童先生真正長什麼樣子。但是在地球上頑童先生總是以很荒誕的形象示人。他不壞，但卻會帶來傷害。比方說他曾經賦予《星球日報》大樓生命，曾經讓露薏絲·連恩變成一個人體模特兒，還曾經非常奇怪地改變超人的體形。

頑童

這些超人對付過的壞蛋中，最有趣的當數1944年10月《超人》第30輯中出現的小頑童。他的身材只有超人的一半，衣著也很普通——紫色套裝和汗衫，蝴蝶結領結，藍色鞋子上罩著紫色的鞋罩——比他的光頭還小幾號。隔年，他在故事中再次出現的時候，超人稱他為「精力充沛而輕率詼諧的調皮鬼」，我們姑且稱他為頑童先生吧。

雖然頑童先生和超人站在一起的時候具有很強的戲劇張力和荒誕效果，但頑童畢竟是一個非常強大的壞蛋。超人的身世讓他獲得了遠遠超過常人的力量和能力，頑童先生出生在第五空間，這讓他比我們這些出生在三D空間的小孩要強大很多。

跟超人的其他對手不一樣，頑童先生並不邪惡。他只是喜歡惡作劇而已，甚至可以說是宇宙中的惡作劇之王。比方說他初次亮相的時候不幸被卡車撞倒，結果他躺在地上停止心跳裝死。雖然他身材矮小，但救護車趕到的時候，幾個工作人員費了九牛二虎之力都無法把他抬上救護車。幾個年輕人還在努力的時候，他卻突然醒了過來。

「他不可能還活著，他剛剛心跳都停止了。」一個年輕人驚呼。

「我很讓人摸不著頭腦吧。」頑童先生說。

「喂，你給我回來！你還沒回答我的問題。」救護車上的人大喊。

「有本事你就來抓我啊。」頑童先生一溜煙跑掉了。他還開走了那輛救護車。更令人驚奇的是，他開車順著高樓向上，一直開到天空中，直到「一聲巨響，救護車炸成碎片」。

頑童先生之後的表演就更讓人驚異了。他讓博物館的雕像獲得生命；讓市政游泳池裡的水消失無影無蹤了。

在整個超人故事發展的歷史中，超人曾經面對過無數的危險，但只有在頑童先生面前，超人的追捕總是一次次地無疾而終，就連超人都為此困惑苦惱不已。有一次，頑童先生讓首都下了一場「紙」雨——紙片漫天飛揚，可憐的超人沒有追到頑童，還不得不追著頑童吹出去的紙張跑來跑去以清掃市容。超人咬牙切齒、握緊拳頭說：「我就像個特洛伊人一樣到處亂跑。要是我找不到是誰幹的，我所做的工作都是白費。」

他很快發現是頑童在搞鬼。

頑童解釋說：「我覺得破壞城市的清潔周運動是件非常有趣的事情，普通人可能也會有這種想法嘛，嘿嘿……」

最後，幾個回合下來，超人才用計制服頑童，並讓他從地球上消失，回到頑童應該存在的空間去。「荒誕惡作劇」風波總算平息了。

真實世界中的壞人

這個故事的結尾不是以超人的勝利或者頑童的失敗而告終的。頑童沒有輸給超人的超能力，而是輸在自己一時疏忽，唸起了回到第五空間的咒語。只要他願意，頑童還可以重返地球來禍害人類和超人，所以從這個角度上來說，頑童沒有真正被擊敗。這些年來，頑童也確實屢次光顧地球。他還是一如既往的愚蠢、喜歡惡作劇，也成為超人故事中頗受人喜愛的一個反面角色。為什麼只有頑童贏得如此多的喜愛呢？

概括來說就是兩個字：現實。

很簡單，誰在現實生活中見過像盧瑟或者布萊恩那樣純粹的壞蛋？相當少。但是我們所有人都和頑童一類的人打過交道。意外經常發生，事情總出問題，可能是你的錯，可能是她的錯，也可能是他的錯，也可能根本就沒人做錯什麼。此外，如果你相信美國空軍中流傳的故事，那麼可以回憶1949年空軍上校愛德華·墨菲總結過的「法則」。墨菲本來是工程師，被派到美國空軍研究人類可以承擔的減速度極限，幫助飛行開發。他在分析一個測試結果的時候發現，一個感應器沒有接好，結果導致實驗無效。墨菲以為是技術人員失職，於是說：「整個實驗只有一個地方可能出錯，這個連技術員都避免不了。」而墨菲的這句話專案經理也是感同身受，於是適時補充說：「只要是可能出毛病的地方，都可能出毛病。」墨菲法則因而得名，並逐漸廣為人知。

完美的墨菲法則

事情總是朝糟糕的方向發展。剛才我們說過，頑童先生把超人折騰得精神幾近崩潰，已經咬牙切齒、摩拳擦掌，想要打敗頑童。我們要麼像超人那樣，要麼接受墨菲法則，盡可能更具創造性地處理已造成的影響和爛攤子。

沒人願意事情變糟。但我們不得不承認，辦公室裡發生的所有事情，不管多麼糟糕，都可以成為溝通和建設性交流的渠道與機會，不管是在上下級之間還是同事之間。即使是最嚴重的問題也不是沒有挽回的餘地，更不是致命性的傷害。失敗為成功之母，答案總是出現在問題積累和解決的過程中。

一般來說，情況惡化的真正原因通常不是錯誤本身而是心情，沮喪、痛苦、喪失信心，這些才是最危險的。公司裡需要進行有效的溝通，經由溝通你可以避免情緒帶來的危害。更重要的是，幾乎所有的事故和錯誤都至少有被寬恕的機會。指責只會讓所有人都難過，寬恕卻能讓很多人獲得心情的「再生」。

危機處理

如果局面已經一塌糊塗，有三個步驟可以用來依次收拾眼前的爛攤子。

第一步，承認錯誤。掩飾已經出現的錯誤或者進行辯解只是欲蓋彌彰，有時可能會釀成大禍。

第二步，讓老闆感覺到他們為你犯下的錯誤感到氣憤是理所當然的，然後感謝他們的理解和耐心。我們的目標就是說服老闆就事論事，能夠不帶感情色彩討論問題的來龍去脈和解決方法。只有拋開情緒，才能真正解決問題。

最後一步，建議新的行動方案，為解決問題提出積極的建議。

迅速而不慌亂

超人的行動總是異常迅速，但卻準確無誤。類似地，辦公室超人也應該迅速發現和報告錯誤。

如果壞消息是老闆替你發現的，那比你自己發現要糟糕得多，更糟糕的情況是由別人發現，這最後可能會導致無法收場。不管發生了什麼事，如果你即時提報問題，意味著你對局面有一定的掌控，還算是最好的一種結局。同時，即時匯報也顯示你是一個願意承擔責任和後果的好員工。

雖然發現問題應該即時通報，但也不要慌慌張張地衝進老闆的辦公室。你流露出來的情緒會影響老闆對你的理解和反應。

快速，但不要慌張。例如在匯報之前，我們可以暫時停下片刻，想想什麼是「不必要的耽擱」。即時通報很重要，但是在你帶著一連串的壞消息走進老闆的辦公室之前，有必要花些時間準確地評估問題的性質和程度。當然，短時間內你不可能對問題作出全面性描述，但還是要儘量精確、完整、客觀，不要摻雜悲觀或者樂觀的感情。如果可能的話，你還得花時間草擬下一步的行動方案，來彌補當前的錯誤和損失。報告的時候帶著可能的解決方法是必要的。

因此，即時通報和費時搜集資訊之間存在時間上的些許衝突，需要我們來平衡。在評估當前狀況之前先試著作出判斷。有的時候，最好不要對錯誤的細枝末節描述得過於詳細，給老闆一個自我判斷的空間，以免讓他覺得你用細節來影響他的判斷。

勇敢面對失敗

墨菲法則幾乎每天都生效。它還告訴我們，平常發生的諸多不順利實際上沒有什麼大不了。只要我們肯面對失敗和困難，定能克服他們。但是有時候失敗的風險很大，例如公司開發的一線生產線根本就不能產生效益；你開發的客戶讓公司賺不到錢；你正在洽談的契約突然被別人搶走了。

你的工作正出現危機嗎？這得看你的工作狀況紀錄和老闆的態度。你必須把自負置之度外，雖然有效的正面溝通很難，再加上尷尬，更是難上加難，但你得做到這點。危局已經形成，我們要做的是儘量挽回損失而已，至少你還可以從中學到寶貴的經驗教訓，這對未來的工作有幫助。在和老闆、同事或者部屬談論當前狀況的時候，多著眼於未來。

著眼未來不是抽象空洞的表達，而是可以用語言來具體化的。這時候說「要是我當初……」已經沒有任何意義，相反，「我下次一定……」就是著眼於未來，從失敗中記取教訓。著眼未來不意味著逃避當前的責任，而是意味著不拘泥於過去，爭取未來的收益。

不要為失敗找理由，要面向未來。

「對不起！」

超人很少陷入難堪的境地，但在我們上一章提到的有人闖入孤獨城堡的故事中，這種情況確實發生在超人身上：他在幫助一艘大型海洋郵輪脫離困境的過程中，讓船上的人受夠了苦頭，只能苦澀地對船上的人們說「對不起」。所以，面對失敗的時候，說一句「對不起」比什麼都不說要好，但「對不起」還不算是最有效的道歉方式。

跟很多人一樣，超人也覺得道歉難以啟齒。沒有人願意說對不起，需要道歉的場合肯定無法讓人高興起來，畢竟只有失敗才需要道歉，沒有人成功了還要說對不起，還要做補救。

道歉本身是修補和加強與同事關係的絕佳機會。工作中的壓力和失敗經常讓同事關係緊張，如果你能在這種時候說聲對不起，那麼緊張氛圍會得到緩解，人際關係也很可能改善。

道歉要即時。如果需要道歉，別等著別人催促。主動一些，找出那些受到傷害的人，向他們鄭重道歉。這還不夠。除了說「對不起」之外，最好能提供你的理解和方案解決問題。這不僅有利於修復同事間的關係，也有助於讓這種關係變得更加積極牢固。

道歉是一個過程。首先應該說對不起，然後向對方表示同情的理解，以顯示你完全了解對方的感情。在你提出解決方案的時候，儘量不要說「你」或者「我」，最好說「我們」。最後要牢記，其實對方不僅需要一句「對不起」，還需要你的建議。所以說，積極而有效的建議和幫助能讓你在處理辦公室敗局的時候得心應手。

平息同事的怒火

超人有豐富的反爆炸經驗。許多故事中，超人都用身體抱住炸彈來化解爆炸產生的衝擊，挽救很多人的生命。雖然我們已經為挽救敗局做了種種努力，但有時還是無法避免同事感情的摩擦。辦公室的怒火有多種發泄形式，從騷擾到恐嚇，不一而足。辦公室超人面對公司同事情感的宣泄，應該學會不讓自己和他人受到傷害。

對於不知情的人來說，情緒的發泄往往是莫名其妙的。但是物理學家會告訴你，即便是氣勢洶洶的怒火也有某種物理法則可循，可以被分析和理解。表面上是無緣無故發脾氣，但所有的情緒失控實際上都是有原因的。某些時候，辦公室環境和氣氛就足以惹怒某些員工。即便你暫時找不到對方發火的直接原因，也不要因此苛責對方。記住，你辦公室的同事是人，和辦公室之外的人沒有不同。他們發怒一定事出有因，可能是來上班前和配偶吵架，跟孩子發生爭執，與辦公室的其他人發生口角，甚至也許是因為早上交通太過擁擠，這些都可能成為導火線。

很明顯，你沒有辦法解決這些辦公室之外的問題，但如果你不體諒他，反而怒語相對，那無異於火上加油。即便你認為對方發著無明火，也要儘量保持平靜，用充滿關愛的口吻和回應來平息對方的怒火。

減少生活中的壓力是管理情緒的最佳途徑，既可降低你發脾氣的可能性，也能讓你不對同事的怒火作出激烈反應。比如你是不是睡眠充足，因為疲勞會降低耐心和忍耐力。可能的話，最好在早飯或者午飯後來處理這種情緒問題，比如向對方道歉等等，因為這時候人們不會因為飢餓而產生壓力和不良情緒。美式辦公室喜歡咖啡，其實咖啡會提高人們的焦慮程度，變得更加易怒。儘量做些可以讓自己放鬆的事情，例如把總是嗡嗡作響的螢光幕修好，把聲音太大的鐘錶扔掉，或者打開空調——夏天的酷熱也會讓人變得易怒。

於是，你保證休息充足，午飯吃好，每天只喝一杯咖啡，讓周圍的溫度保持在宜人的範圍。突然一個傢伙衝進你的辦公間，怒氣沖沖，因為你忘了告訴他昨天有一個重要的會議。他應該生氣，是你的錯誤導致這個結果。你道歉了，但你發現他仍然暴跳如雷。

讓他繼續吧。給對方發怒的空間並不是那麼容易做到，但這樣確實可以讓對方宣泄出心中的怒氣。不要試圖告訴對方「要冷靜」，這只會讓對方更加憤怒。到了這個地步，告訴對方做什麼或者應該怎麼看待眼前的問題，已經沒有任何益處。

待對方發泄完以後，你再和他談論忘記告訴他開會這件事情，並提出補救方案，「我理解你對於自己沒能參加那次會議非常氣憤，但不會再有下次了。有會務消息的時候，我一定會馬上通知你。」當然最後你還可以加上幾句，「但是話說回來，我也不是你的秘書，你是不是可以多利用別的途徑得到會務消息呢，比如問問瑪麗？」意思說到就可以，沒必要再批評什麼。

還有一種情況，對方異常憤怒，以至於問題不是片刻可以解決的。這種情況下，可以輕輕地把矛頭的焦點引向對方：「老兄，你想怎麼解決這個問題？」發脾氣的程度和對方無助的感覺成正比。讓對方告訴你他想要什麼，等於你賦予他權力，減少他的無助感，進而平息他的怒氣。如果你可以滿足他的需要，那麼告訴他你會盡快解決；但是如果他的要求在你的能力之外，那就告訴他你需要時間來考慮，可以再約一個時間和地點討論。但如果他的要求根本就是辦不到的，那就直截了當地告訴他：「這個我做不到，能不能換個要求？」

大多數情況下，我們提到的這些做法都可以讓對方重新冷靜下來。但假設有人就是無理取鬧，那麼你沒有必要和他糾纏下去，「這個要求很棘手。我一個小時後回來，到時候我們再談。」

與頑童同行

1944年，也就是超人漫畫誕生後的第六年，超人遇到了頑童先生。直到今日，超人故事還說頑童每三個月就從第五空間來一次地球，搞一場惡作劇，讓超人生氣。超人每次都連哄帶騙地把頑童送回去，但其實頑童最後還是會回來。因此多年來，超人已經接受了他對此無可奈何的結果，他只能每三個月奉陪頑童一次。對付小頑童已經成了超人工作中的一部分。

正如墨菲法則指出的那樣，類似超人的遭遇我們都會碰到。不同的公司和行業總會發生形形色色、卻又無法避免的意外、失望或者災難。辦公室超人只能適應這些情況，沒有其他選擇，但他可以更有效地處理這些情況。

與同事相處

你注意到《星球日報》的這篇報導了嗎？

2000年11月8日，華盛頓報導。全國各地的選票統計工作已經接近尾聲，總統大選的結果即將公布：亞歷山大·約瑟夫·盧瑟將成為美國第43屆總統。盧瑟身集改革家、和平家和慈善家的美譽遠播海內外，他的一系列作為，比如在司法部對「最後一夜」的審判和利用國外科技建設首都的舉措，使得他被人們認為可以帶領美國前進。

你最好詳讀這篇報導，免得孤陋寡聞。如果你幾年前就不再對超人故事感興趣，那麼你所知道的萊克斯·盧瑟絕對不是當總統的材料。不是因為美國總統選舉過於強調候選人的履歷，畢竟總統的位子上曾經出現演員、摔跤選手、消防員、法國樂隊的主唱，更不用提一連串的律師了。

在超人角色誕生的最初幾年間，超人的對手大多數是恃強凌弱的黑幫和惡棍之流，很難讓人有深刻的印象。直到1940年4月第23輯《動作漫畫》，情況才有所改觀。當時整個歐亞大陸都陷入艱苦的第二次世界大戰中，雖然戰火還沒有延燒到美國，但大戰已經點燃了美國人民的想像力，當然也包括超人的創作者。他們在這輯故事中把《星球日報》的克拉克·肯特和露薏絲·連恩送去歐洲報導一場戰爭。就在交戰國家將要開啟和平談判的時候，一方的談判人員在前往會議途中因汽車爆炸而全部遇難。

該方官員宣稱：「這又是一起背信忘義的可恥行為，毫無疑問，戰爭將繼續。」

克拉克．肯特化身為超人，深入調查這起事故。超人找到了肇事方的陸波將軍，威逼陸波將軍告訴自己事實真相：「你有兩個選擇，一、告訴我一切，二、我把你的頭撞得粉碎」。陸波將軍交代，事故的真正目的，是透過飛行中隊的侵略和轟炸將中立鄰國也捲入這場戰爭，直到擴及整片大陸。盧瑟是背後的主謀。

「誰是盧瑟？」超人不解地問。

誰是盧瑟？

盧瑟到底是誰？盧瑟第一次登場就已經是一位強權人物。他高居王座，在一座市政大廳裡發號施令，而整座城市被「某種非常巨大的可控制升降的東西懸掛在高空」。他施用催眠法控制了一大批黨羽，直到他與超人相遇的時候才顯露出他的野心：讓地球上所有的國家自相殘殺，直到他們筋疲力竭，那樣他就可以坐收漁翁之利，控制整個世界。

超人故事前後對盧瑟的描述可能有些混亂。1940年盧瑟的身分極為神祕，但到了1960年代，盧瑟是和克拉克．肯特自小一起長大的好兄弟。再後來，他又成了生活在大城市貧民窟的可憐蟲，與派瑞．懷特為友。他的父母在一次意外車禍中喪生，小盧瑟獲得了30萬美元的巨額保險賠償，他因此脫離了貧民窟的生活，並進而成立了後來恐怖的工業帝國——萊克斯集團公司。

回溯到1940年版本的故事中。那時盧瑟頭戴一頂紅帽，他第二次出現時讀者可以看到他淡紫色的頭髮， 1941年以後盧瑟就成了禿頭的形象。1962年11月出版的《動作漫畫》第294輯中，超人對此作了解釋：盧瑟是在一次意外爆炸中被燒成禿頭的，可他卻將此事歸咎於我。他從小經歷的苦難在他心中留下陰影，以致他後來成了地球上最邪惡的科學家。儘管盧瑟有一些愚蠢（有時居然會被一塊墊子、幾個塞子或者滑翔機的俯衝擊敗），但他自始至終都被稱為「宇宙中最危險的恐怖份子」和「人類的天敵」。

盧瑟費盡心機，試圖用秘密射線、邪惡機器、智力遊戲、合成氪等手段擊敗超人，以統治這座城市、整個國家、全球甚至全宇宙。他最後雖然沒有完全成功，卻也一直沒有徹底失敗，他甚至成功地成為白宮的主人，當上了美國總統（直到最後因為醜聞慘遭彈劾）。期間，他還成功完成了外交家的使命，成為傑出的戰時領袖。

萊克斯·盧瑟可能是漫畫史上最偉大的反派。除了他邪惡的本性，盧瑟內心相當複雜。如果要真正研究的話，盧瑟的故事恐怕比超人還要悠遠。

西格爾及舒斯特和後來的漫畫家一樣，都意識到為超人創作一個可以與之匹敵的對手的重要性。正邪不兩立，在任何精彩的故事中都是永恒的話題，古代神話、人類信仰和歷史也是如此。沒有一種宗教、一種神話、一套世界觀裡只存在善，而不存在惡。在工作中也是如此，總有跟你互相制衡的力量存在。對於超人來說，盧瑟無疑是最重要的對手之一。

競爭

或許你會說，上面那套道理太宏觀或者太富哲理了，以至於沒有一點實際用處。但我們回到現實商業環境中就會發現，競爭是商業的動機，是公司之間的競爭、行業之間的競爭以及品牌之間的競爭，構成了商業社會的主旋律。即便是在同一公司、同一部門，也存在著個體之間的競爭，因為畢竟公司結構是金字塔形的，塔頂只能有一個人。

當然，競爭不是商業的全部。分工合作、商業併購、團隊精神都是公司健康成長的必要元素，但競爭才是成功的最關鍵之處。沒有競爭會是什麼情況？想一想1980年代末1990年代的蘇聯，你就會得到答案。毫不誇張地說，缺乏競爭，商業將是一團死水，反之，才會有活力。

萊克斯·盧瑟的當選並不表示他已經改邪歸正；相反，這恰恰說明對手和競爭的存在是現實生活中不可避免的常態。盧瑟不再是簡單的惡人，他是美國國家機器的最高統治者。盧瑟和超人這一對冤家，正如資本主義制度中激烈的利益競爭，也正如辦公室超人在工作中的死對頭。沒錯，競爭就是現實中不可避免的常態，在商業中也是如此。

現代經濟學的基礎是稀少性原則，它認為社會中的資源不足以滿足每個人的需求。結果會是什麼？對稀少資源的競爭！

和整個社會環境一樣，任意特定的工作場所也受到稀少性原則的制約。你時常甚至總是發現自己處於和他人的直接競爭中，比如競爭職位和辦公室，競爭某些資源或是某個級別的薪水。這很正常，經濟活動的本質就在於競爭。不過最

萊克斯·盧瑟

初次登場：《動作漫畫》第23輯，1940年4月。

全　　名：亞歷山大·約瑟夫·盧瑟

關於萊克斯·盧瑟的來歷，多年來超人故事的諸位編撰者各有各的解釋。就目前來說，大家認為是盧瑟貪婪的父母造就了盧瑟。他們把盧瑟與世隔絕，竭力挖掘盧瑟身上邪惡的萌芽，以便日後為他們所用。結果，盧瑟從少年時期就幾乎成了神經病，並且一手導演了他的父母「意外」身亡的慘劇，因此獲得了巨額的意外保險金。

盧瑟用這些錢成立了萊克斯集團。集團很快發展成一家巨型技術公司。盧瑟變得富可敵國，並逐漸成為首都中最炙手可熱的政治人物。超人的出現中止了這一切。超人指控盧瑟其實是一個江洋大盜，危害人類。不可避免地，超人成了盧瑟的死敵。

最後是露薏絲·連恩揭露了盧瑟的惡行。在盧瑟的惡行公諸於世後，盧瑟將槍口對準了首都，並摧毀了這座城市。超人和其他的一些超級英雄重建了首都，但是超人和盧瑟的戰爭仍然持續著，這時候的盧瑟不僅可以操縱首都的公民，甚至還可以控制全美國的公民，因為盧瑟已經被選為總統。雖然盧瑟此舉是為了獲得足夠的力量以打敗超人，但在此過程中，盧瑟證明了自己是一個傑出的政治家和管理者，他帶領人類打敗了可能摧毀整個星球的異族入侵。但露薏絲·連恩和克拉克·肯特卻在《星球日報》上披露，盧瑟其實對這次入侵早就心知肚明，這篇報導最終將盧瑟從總統辦公室掃地出門。

好不要讓這種工作上的競爭變成人身攻擊。

競爭應該就事論事，用你的成果與對方競爭，不應該對同事進行人身攻擊。老闆關心的是結果，而不是人格。

當然，某些情況下的競爭讓人很難遵守競爭規則。例如你和同事正積極競爭某個職位的時候，情況就會變得很糟，人身攻擊甚至某些齷齪的做法都會隨之而來。即使在這種時候，也要竭力保持自己的風度，儘量把重點和他人的注意力從人身攻擊轉移到競爭本身，而不是以牙還牙。比如你可以向對手說：「喂，比爾！我知道我們要競爭同一個職位，我也知道我們都非常想要獲勝，但我相信不管最後結果如何、誰勝誰負，都不會影響我們的私人關係，更不會讓我們敵對，結果無非是老闆的商業性選擇而已。」

你會成為同事最好的夥伴嗎？不一定。但不管發生什麼，你都應該和同事和睦相處。今天的競爭對手明天可能就是你的主管或是對你來說至關重要的部屬，一個在你職業晉升途中不可或缺的人。

處理對手的批評

即使工作中的競爭真的避免了人身攻擊，也不要以為人身攻擊就不會發生。相反，遵守競爭規則、就事論事只是競爭的一部分。

要想在競爭中勝出就要有高人一籌的實力和準備。比如下面這個場景你一定見過甚至就發生在你身上：你剛剛在一個重要會議上作完陳述，進入回答問題的環節。這時你的同事開始發難：「哦，我覺得這沒什麼了不起的。我們部門以前可以在兩周內完成這個計畫案。」

你該怎麼回應？

首先你要明白，他就是想吸引別人的注意力，顯示自己的高明，這一點大多數人也清楚。所以對付這種人，最好滿足他們的願望，然後繼續你的陳述。比如你可以說：「的確，你們部門非常了不起。不過我們還是繼續看我的這份報告……」

可能這個好出風頭的傢伙還是會打斷你的話，但他會招致大多數人的反對。如果你能巧妙地讓自己的陳述繞過他，他就只能傻而無趣地待在那裡。

再比如，不管你說什麼，總會有人想辦法來反對你。這時候你可以採用給自己的想法潑冷水的策略，也就是說事先預測你的建議會遭遇哪些反對和阻力，並準備好應對之策。如果你在正式陳述之前先找到你認為會反對你的人，和他聊聊你的想法和計畫，將對你有所幫助，因為你已了解雙方的立場和分歧。同時，無形之中他也會被牽扯到這個計畫中來，從而減少他在你正式陳述的時候發難的可能性，畢竟很少有人會全力反對自己曾參與並作出貢獻的計畫。

第三個對付競爭者的策略是，盡力和不是那麼挑剔的同事搞好關係，減少反對批評意見。有了部分同事的幫助之後，即使你在推銷自己想法時遇到了阻力，也會比較容易化解。對你的競爭者來說，一旦他明白他反對的可能是一個「聯盟」，就會緩和自己的批評，甚至保持沉默，說不定還會站在你這邊——誰知道呢。

如果你無法事先預測批評意見，那就和競爭者來一場針鋒相對的較量，但請牢記不要進行人身攻擊。一旦你和對手的辯論摻入了人身攻擊因素，你們將兩敗俱傷。比如對手提出反對意見後，你不要說：「你總是這樣，真是個讓人掃興的傢伙。」在他指出你的建議「不可行」之後，你不妨說：「我很想知道為什麼你會這樣想，這個計畫哪些方面不可行呢？為什麼？」把重點和注意力放在你們討論的問題上。

雖然，就事論事比人身攻擊更重要也更有效，但是我們也要去理解為什麼對方會提出這樣的反對意見。也許對手只是在掩飾自己的不安全感；也許純粹是出於妒嫉。花一點時間來分析對方的動機和意圖，將幫助你更有效地對付反對意見。

對付反對意見的最後一個策略就是「不能說服就拉攏對手」。比如你可以說：「我知道你對我們的計畫有很多意見，你能不能考慮下次加入我們，用你的意見來補充我們的計畫。」拉攏對手，也是讓對方繳械的良策。

不要濫用表揚

並非所有的批評都是衝著對手的。有些很明顯是自我批評，這些人習慣性地將自己放在受批評的位置上，期望別人能予以同情和表揚。在別人表現出色的時候，適時予以讚美，即使是你的競爭對手。但是不要在你同情同事的時候反而掉入表揚對方的陷阱，這樣你的讚美就顯得「不值得」，對你沒有任何好處，因為你的同事或許蓄意等待你的讚揚。

重要的是，不僅你的表現影響著別人對你的評價，而且你對別人表現的評價和態度也影響著別人對你的評價。所以，濫用表揚最終會對你及公司都不利。

反擊粗魯

很多人都認同這句話：進攻是最好的防守。不幸的是，辦公室的競爭對手常誤會此語，他們充滿攻擊性，用各式各樣粗魯的行徑來威脅其他人，包括你在內。

可能會讓你吃驚的是，反擊粗魯的最好法則是：己所不欲，勿施於人。你的發言被打斷，在辦公室受到冷嘲熱諷、陰謀暗算，就算提建議也被忽略。終於，你被激怒了。但如果你是辦公室超人，你就應該控制住自己反擊的衝動。

與其針鋒相對，不如暫且回避，稍後再回來處理，這是對赤裸裸的粗暴最有效的回應。這樣做既可以緩和緊張的氣氛，又可以傳達訊息給對方：寧可忍受羞辱，你也不想和他進行粗魯而沒有意義的爭吵。

惡意阻撓是競爭性粗魯的一種常見表現。對方透過說一些空話故意阻止你或者其他人講話，這種行為至少會讓受害方分神。如果有人這樣做，你一定要提出具體問題來打斷對方，比如：「好吧，那請你告訴我們，比爾，你所說的情況是怎麼影響我們正在討論的預算問題呢？」

你提出的問題越具體，越貼近會議正在討論的問題，對方無話可說的可能性就越大。至少在場的所有人，包括阻撓者自己都會意識到，爭論下去只會浪費時間，大家必須回到剛剛討論的議題上來。

莎士比亞筆下的哈姆雷特說：「有人能笑呀笑的，但仍然是個惡棍。」有些人笑裡藏刀，喜歡不懷好意地恭維他人，這些人可能給你帶來最致命的傷害。他們經常這樣說：「嘿，老兄，真是一次精彩的演說，非常高興你的情況終於好轉了。」

像平常一樣，辦公室超人儘量不要正面回應這種不懷好意的詭計。比如你可以說：「謝謝你。我為了這次演說下了很大的功夫，但我不明白你說的『情況終於好轉』是什麼意思。對我來說情況一直不錯，我們有什麼需要討論的嗎？」

這時候對方通常會否認自己別有用心。但是如果對方能夠領會你的意思，他可能會暗示你，他覺得你有些「反應過度」了。不管哪種情況，你都應該保持辦公室超人的高姿態，回應說：「謝謝，你這樣說真的讓我非常高興，因為如果我有什麼冒犯了你的地方，我也想和你解釋清楚，以免誤會。」

蓄意批評的人總是想利用打壓你來達到提升自己的目的。對方欲達到這個目的需要一些的條件和變數。如果你真的被那些批評性或者有損形象的評論傷害，那麼你就中了對方的圈套。學會剔除那些帶有明顯負面意見的批評，這樣才有助於你把精力集中展現你的價值。

閒言閒語

辦公室裡都會有一些愛管閒事、喜歡四處打聽消息的人，他們以各種各樣的小道消息、奇聞軼事為樂，當然他們認為這樣做可以讓自己顯得神通廣大。對付這種同事應該事事謹慎小心，千萬別讓他們抓住把柄。例如，要保證一些有敏感話題的電話或交談不被他們聽到；不要在桌子上留下重要文檔，以免他們偷看；最重要的是不要成為這些人的幫凶。這些傢伙會抓住你打探各種問題，得不到他們感興趣的問題決不罷休。招架不住的時候，一定要說：「我想我們最好還是換一個話題。」或者乾脆直接換另一個話題。無論什麼時候，你都要保持這種態度，久而久之，他們就不會再來煩你了。

辦公室只要有兩個人以上就會有閒言閒語。但你可以阻止別人跟你談論這些私事，至少你可以拒絕參與。你可以說：「我對這事根本不感興趣，如果我想對她多了解一些的話，我會直接去問她。我不認為她喜歡你在背後這樣說她。」

最後一點，要經常自省。有時別人的粗魯行為可能正是在回應一些你發出卻沒有意識到的信號。檢視自己如何處理與他人的關係。你打斷別人的話了嗎？你是不是對別人的幫助真誠地表示感謝？你在請別人幫忙的時候是不是態度誠懇？問問你的朋友，這些問題你都可以得到答案，因為朋友不會讓你失望，他們願意幫助你改進。此外，一個集體的風格很大程度上取決於組織領導的性格。就自己來說，你是不是真正做到了你對部屬的要求呢？

提防暗箭

幾乎每個辦公室都有陰謀家。這些人不遵守遊戲規則，喜歡偷偷地耍花招。在辦公室最好不要和這些傢伙為伍，因為對於商業來說，所謂的花招或者說捷徑大多數時候都是死路一條。

如果你確信辦公室裡私底下有人跟你作對，你可以充分利用光明正大的遊戲規則——對手不喜歡用的招數——把對手制服。首先，把你覺得可疑的事情統統記下來。在恰當的時候，就你的情況向主管冷靜地、理性地談一談，並出示你手上掌握的證據。透過向主管求助，你要達到以下目的：任何對你的攻擊從此以後都是對部門、對事的攻擊。比如你可以對老闆說：「我最近聽說有一本秘密備忘錄在公司流傳，說我在史密斯專案上犯了一些錯誤。我現在手頭上就有一份，不知道您是不是看過，我想讓您知道問題的真相，並且儘量讓公司的人都明白備忘錄裡的言談有多麼荒誕。」

換一種辦法，對付這類陰謀家就是跳過他們，不和他們過招，直接找主管（主管就是能夠管理你和背後使壞的人）報告。但有時候你還是不得不直接面對他們。那麼，當你證據確鑿後，壓住怒火和他好好談談：「沒人說我們要成為最好的朋友，但我認為我們也沒有必要敵對。如果你覺得我做錯了什麼或者說錯了什麼，我很願意開誠布公地和你談談，來解決問題。但我不能容忍你在背後散播流言或者要別的什麼把戲，我也不會這樣對你……」

此外，你還可以回顧歷史，向過去的戰略大師取經。2500年前的《孫子兵法》有：「知己知彼，百戰不殆。」一說。

你無需揭穿對方的把戲，可以換種方式，把他拉進你的專案裡。這樣做不僅可以平息他所醞釀的陰謀，還可能化敵為友。至少，可以暗示對方，你已經略知一二，他的行動絕對不會成功。

在你採取行動的時候，必須想到對方此時也許在招攬同夥，因此要當心這種帶有敵對性質的同盟。保住同盟，控制對手，儘量爭取中立者的支持。

這些陰謀者實際上都是為了短期利益，他們只是戰術家，而不是戰略家，所以他們經常贏得局部的戰役，而輸掉了全盤的戰爭。辦公室超人必須是戰略家，應該從長遠考慮問題。

角色問題

超人有時候是超人，有時候是克拉克・肯特。也許除了辦公室超人之外，再也沒有人比超人更清楚自己應該怎樣扮演恰當的角色。對辦公室超人來說，職場精英需要扮演很多角色，卻不需要像超人那樣以犧牲誠實或者否認自己的真實身分為代價。在不同的商業情境下，辦公室超人應該保持頭腦的靈活性，辨別在特定場合特定時間下扮演的角色和個性之間的關係。

對辦公室超人來說，角色很重要，而不是個性。也就是說，重要的是做恰當的事，而不是試圖分析同事、部屬、客戶或者老闆的個性。

簡單地說，辦公室超人從萊克斯・盧瑟身上獲益匪淺。昨天邪惡的科學家可能成為今天的總統，昨天的對手可能成為今天的合作夥伴。商業就是這樣。只要不違背道德，辦公室超人選擇的空間非常寬廣。和萊克斯・盧瑟一起共事？有時候是最好的方式，有時候也是唯一的辦法。

孤獨城堡的意義

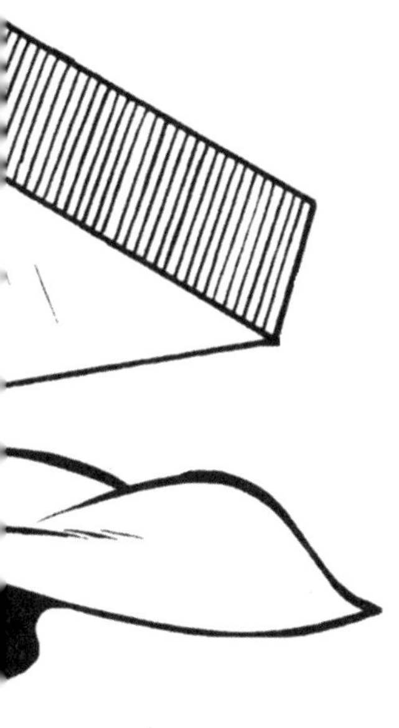

「孤獨城堡」這個名字直到1949年6月才出現（《超人》第58輯「第二個超人的故事」），當時距離超人故事的誕生已經有11年的光景。但是早在1941年1月就已經有了關於孤獨城堡的雛形，就是當時的克拉克．肯特「實驗室」（《動作漫畫》第32輯）。往後的十年間，漫畫裡不斷提到關於「大山深處的堡壘」或者「秘密城堡」的事情。超人的作者和漫畫家似乎逐漸意識到超人需要一個隱秘的私人場所來沉思、夢想，最初是「實驗室」，後來是「堡壘」或者「秘密城堡」，最後「孤獨城堡」正式出現了。

從背景故事角度來看，不一定需要「孤獨城堡」。畢竟克拉克．肯特和超人本質上是同一個人，肯特住在克林頓大街334號3-B一棟名為「超人鄰居」的寓所裡，那麼超人理所當然也是住在這裡，所以作者沒必要為超人專門創造一個寓所。事實上，肯特的公寓在某些層面和孤獨城堡類似。例如離工作地點很遠，肯特的住處離《星球日報》大樓有整個市區那麼遠，這或許是為了保留一定的隱私。另一方面，肯特的住處離他喜歡的女孩露薏絲・連恩很近。肯特的公寓裡有一整個房間專門用來擺放他收藏的骨董鐘錶，就像孤獨城堡中有專門的房間放置超人的收藏、戰利品和其他愛好品一樣。肯特的住所有一間「密室」，前門上有一個按鈕，門向一邊閃開後才能進入。密室裡是肯特製造的機器人，還有一些戰利品和紀念品，甚至還有氪星上的實驗樣本。

孤獨城堡出現前後，肯特的寓所都是一處私人的隱秘空間。即使在沒有城堡的那十幾年裡，超人的作者也意識到了私密這個問題的重要性。如果說孤獨城堡對於故事情節發展沒有太大用處的話，那麼城堡最重要的意義就在於塑造超人的性格。也就是說，超人故事可以沒有城堡，但從心理學的角度來說，超人本身需要這個城堡。

萬能城堡

孤獨城堡在某些方面幾乎是一間超級儲藏室，超級大、超級隱秘。就像很多超人故事指出的那樣，孤獨城堡有很大一部分都被用來儲藏對於超人有特殊意義的紀念品或者戰利品，還有很多特殊武器、裝置和機器人。但是孤獨城堡的意義不止於此。它坐落在「渺無人煙的北冰洋荒地深處、深山的某個角落」，一座秘密而孤獨的城堡，一所秘密的聖地。多年來對孤獨城堡有不同版本的描述，有的甚至把城堡惟妙惟肖地畫了出來，包括立體及平面的示意圖。城堡有好幾層，是世界上最隱蔽的建築，同時也是宇宙中最危險物品的倉庫：細菌、病毒、奇怪的武器，甚至已經毀滅的氪星標本。雖然細節上有所不同，但所有關於孤獨城堡的描述都認為城堡有專門的戰利品展示廳、高度自動化的實驗室（超人就在實驗室裡探索氪化作用的秘密）、健身房和其他一些娛樂休閒設施、星際動物園，以及為毀滅的氪星和超人父母建造的紀念館，館裡還存放著有關超人最親密的朋友（比如露薏絲・連恩和吉米・奧爾森）的紀念品，瓶裝的微縮版氪星城市坎多，還有先進的通訊設備。

這些陳設簡直讓人眼花撩亂。我們可以把這些東西歸類：在孤獨城堡裡，超人創造了一個休息和娛樂健身的場所，一個想念他所愛的人的場所，一個幫助訓練和能力增長的場所，一個讓他同內心最深處的恐懼妥協的場所。在城堡裡，超人用宇宙中最致命的武器來做實驗，特別是有關氪化作用的研究。

藉由孤獨城堡，超人的創作者意識到超人應該有工作之外的生活，這種生活不單單是所謂的度假，而是和超級英雄的行俠仗義幾乎同樣高尚。孤獨城堡的出現讓超人故事超越了一般的科幻小說，更不用說其他漫畫角色。

別忘了你的城堡

對於漫畫主角來說，孤獨城堡具有非凡的現實意義。對於一個有血有肉的常人來說，更應該擁有一座這樣的處所。毫無疑問，我們在工作和事業之外還有其他的生活。就連漫畫書中的英雄超人都有一所孤獨城堡，難道我們不應該給自己一個私密的自我空間嗎？

顯然很多人不認同。多數有成為辦公室超人潛質的工作狂認為，事業的成功應該建立在全心全意地投入在工作，不應該有別的想法。就好像他們認為超人應該在孤獨城堡裡安裝一顆定時炸彈，定好時間，走出門去，封上城堡的大門，等著城堡在一聲巨響中灰飛煙滅，認為只有這樣做，超人才能把精力全部投入到超級英雄事業中。

超人具有高尚的道德情操，他已經把幫助別人內化為自己生活中不可分割的一部分。但他的內心深處卻又隱藏著一個謊言（儘管這個謊言是出自善意），他不得不在克拉克·肯特和超人之間不停地變換身分。他深深地明白，在不同的時間、不同的情況下他應該扮演不同的角色。與此類似，辦公室超人也應該有一種內化的道德原則，那就是變得優秀。但他應該理解不同的情景實際上需要不同的角色扮演，而且不同的角色之間必須能夠產生相互促進的作用。辦公室超人也應該學習成為家庭支柱或者社會的好公民，也就是說，在工作中追求卓越的渴望應該和在生活中處理與家人和朋友的關係相輔相成。

克拉克·肯特和超人之間不像哲基爾醫生（英國小說《化身博士》的主角）和海德之間是一對矛盾體。恰恰相反，雖然肯特和超人有一些差別，畢竟事實上他們還是「同一」的。他們代表不同的角色，但就是一個人。當然，這種雙重身分有時會給肯特和超人帶來麻煩，但它們終究是互補的。因此，任何想在工作和家庭中謀求平衡的人都必須意識到，你的雙重身分注定了矛盾的存在，但絕不是不可調解的，它們可以互為補充。

任何需要機器一般的耐力、注意力或者效率的工作都應該讓機器來完成，而不應該讓人去做。在人們所做的工作中，最重要的那些絕對不可能由會計師、銷售員、藝術指導或系統分析員獨自完成，必須交付那些在適當的時間能綜合以上所有角色的人。

建造自己的城堡

在決定投身於一項新的工作或一個新的領域之前，沒有必要放棄那些對你來說同樣寶貴的東西。一方面，你的確需要透過具創造性的、靈活的方式來有效管理時間，但另一方面，你的工作永遠不應該迫使你放棄與親友相處、發展嗜好興趣、從事社交與公益活動以及實現智力和精神增長的機會。

事實上，任何真正值得做的工作都不會讓你放棄以上任何樂趣。超人建造孤獨城堡的目的，不僅僅是為了從那讓人心力憔悴的工作中得到解脫，更是為了讓事業更進一步。對事業的狹義理解會導致錯誤的認知，例如人應該把所有的時間都投注在工作上。工作應該是有進取心的人的第一選擇，但是超人意識到，在城堡裡的學習、實驗和發明，他可以更好地完成工作。超人花在城堡中的時間、與親友相處的時間（指的是與城堡裡親友紀念品的相處）以及在興趣愛好上的時間（比如健身和其他娛樂），雖然並不是直接與工作有關，卻讓事業產生了事半功倍的效果。

有價值的工作需要有價值的人來完成。一份工作越是值得做，員工就應該越傑出，就算是最耗費時間的工作也不會要求你放棄所有的業餘時間。工作之餘，我們應該有一座自己的「城堡」，如果你現在還沒有，那就開始建造吧。

在事業之外的生活中，人們最好能不斷擴大或者創建新的人際網絡。例如，重塑親友之間的關係，多讀些書，多聽聽音樂，考慮繼續受教育（不管是正式的還是非正式的），為了學習而學習，多汲取古代歷史、自動化、園藝、外語、吉他等方面的知識，重要的不是你學什麼，而是你喜歡。

工作之外投入的這些時間和努力將有助於你成為辦公室超人。在漫畫發展史上，超級英雄的故事數不勝數，但超人故事卻永遠流傳下來。超人是超級英雄中的英雄，是鋼鐵超人，最重要的是，他一直是一個最純粹的人。

國家圖書館出版品預行編目資料

辦公室超人：讓自己成為辦公室裡不可或缺的人物 / Alan Axelrod作.
-- 第一版. -- 臺中市：十力文化，2007〔民96〕
288 面；21 公分
譯自：Office superman : make yourself indispensable in the work-place
ISBN 978-986-83001-2-5（平裝）

1. 職場成功法

494.35 96006213

事業館 B703

辦公室超人

——讓自己成為辦公室裡不可或缺的人物

作　者	Alan Axelrod	譯　者	合譯工作室
責任編輯	郭燕鳳	校　對	林昌榮
封面設計	陳鶯萍	行銷企劃	黃信榮

發 行 人　劉叔宙
出 版 者　十力文化出版有限公司
地　　址　台中市南屯區文心路一段 186 號 4 樓之 2
電　　話　(04)2471-6219
網　　址　www.omnibooks.com.tw
電子郵件　omnibooks.co@gmail.com

總 經 銷　商流文化事業有限公司
地　　址　台北縣中和市中正路 752 號 8 樓
電　　話　(02)2228-8841
網　　址　www.vdm.com.tw

印　　刷　通南彩色印刷有限公司
電　　話　(02)2221-3532
電腦排版　浩瀚電腦排版股份有限公司
電　　話　(02)2357-0399

出版日期　2007年 5 月 16 日
版　　次　第一版第一刷
定　　價　280
ISBN　978-986-83001-2-5